Das Wesen des Menschen Existenz:

Eine Untersuchung der gegenseitigen Abhängigkeit Konzept

Sam Alfa, Doktorarbeit.

Veröffentlicht in den Vereinigten Staaten von Amerika.

Inhaltsverzeichnis

Über das Buch - Die Essenz der menschlichen Existenz

Das Konzept der Abhängigkeit, Unabhängigkeit und Interdependenz wurde bis zu dem Punkt auf die Spitze getrieben, dass es die menschliche Existenz beeinflusst. Die Extremität hat neu definiert Die Bedeutung von menschlich Existenz, Und dadurch verweigerte der Menschheit ihr wahres Wesen. In diesem Buch wird untersucht, was diese Begriffe (Unabhängigkeit, Abhängigkeit und Interdependenz) wirklich bedeuten, und es wird eine Diagnose ihrer Auswirkungen auf die menschliche Existenz erstellt.

Über den Autor - Sam Alfa, Doktorarbeit.

SAMUEL A. ALFA, PH.D., ist ausgebildeter Philosoph, Pädagoge, Buchhalter und Administrator. Sein Interesse gilt der Frage, was das Leben für jeden Menschen zu einer sinnvollen Erfahrung macht. Seit seiner Auseinandersetzung mit dem phänomenologischen Konzept in der Philosophie hat er ein Interesse an der Erforschung alternativer Ansätze zu den abstrakten methodischen Ansätzen der Philosophie entwickelt. Er hat immer beobachtet, dass der Mensch mehr ist als nur äußerliche Erscheinungen. Um diese Idee weiterzuentwickeln, beschloss Dr. Alfa, die Verbundenheit zwischen Menschen zu erforschen und wie diese Verbundenheit die Essenz der menschlichen Existenz zum Vorschein bringt. Die inhärente Natur des Menschen bringt die Gemeinsamkeiten zum Vorschein, die zwischen Menschen bestehen; und diese Gemeinsamkeit wird in der Wechselbeziehung deutlicher. In der Wechselbeziehung wird die Gemeinsamkeit freigelegt und findet ihre Bedeutung. In der Beziehungslosigkeit geht die Gemeinsamkeit vollständig verloren, und damit auch die Essenz der menschlichen Existenz.

Dr. Alfa untersuchte die Dinge, die dem Menschen am Herzen liegen, und versuchte, sie zu einer bedeutungsvolleren Erfahrung für die menschliche Existenz zu machen. Dies ist das Konzept der „Unabhängigkeit“. Existiert dieses geschätzte Konzept wirklich? Was bedeutet es wirklich? Welchen Mehrwert bringt es der menschlichen Existenz? Bringen die Konzepte der Interdependenz und Abhängigkeit den wahren Sinn der menschlichen Existenz zum Ausdruck? Dies sind einige der Fragen, die in diesem Buch untersucht werden.

Vorwort

Wenn es etwas gibt, das das Studium der Philosophie, besonders, Phänomenologie, als A Thema, hat Erledigt für Mich als A menschlich Sein, Es Ist Das Es hat mir geholfen, den wahren Sinn der Existenz zu begreifen. Die Philosophie hat mir die Kraft gegeben, nichts für bare Münze zu nehmen, insbesondere Dinge Das erfordern manche analytisch Und logische Auswertung. Es hat Auch gegeben Mich größer Verständnis von Die Wechselwirkungen Das existieren zwischen dem Phänomenalen und dem Noumenalen. Es hat mich dazu gebracht, darüber nachzudenken, was die Menschen vereint und nach einem besseren Leben zu streben als Was Wir live gegenwärtig. In Die Welt voller Zwietracht und Groll, die Philosophie hat mich dazu gebracht, das zu suchen und zu verfolgen welche dürfen führen Zu Die gemeinsam Ziel von unsere Existenz, die erträglicher oder sogar besser sein kann noch, Sei mehr förderlich. Während A utopische Existenz könnte Sei aus von erreichen von Menschen, Es ist sehr wichtig, Alternativen zu finden, die leichter erreichbar sind. Diese Gedanken führten Mich Zu Die Entdeckung Übung als auf diesen wenigen Seiten dargestellt, die versuchen, den Menschen zu untersuchen Existenz Und Was könnte geben oder haben ihm die wohlverdiente Bedeutung gegeben.

Der Gedanke Verfahren Das Satz Mich Zu einschiffen dazu Heuristik Reise, welche Ist laufend, kam von A einfach Analyse von Was ' *Unabhängigkeit* ' wirklich bedeutet. Die Schlussfolgerung, die schien An Die Horizont von Mein Gedanke nicht Augur gut mit mir, weil es keinen großen Sinn und Beitrag zur Existenz gab. Was führte Mich Zu Die unbefriedigend Abschluss War die Tatsache Menschen finden Es Also schwierig Zu lassen gehen von was auch immer Sie haben immer hatte A Thema, insbesondere in der Knechtschaft. Der Wunsch, an der Macht festzuhalten, herrscht im Geist des gewöhnlichen Menschen. Wenn man glaubt, dass die Freiheit einem anderen Menschen gewährt wird, warum sollte man dann weiterhin mit der Macht über die Person kämpfen und versuchen, sie über sie zu loben? Diese bohrende Frage machte das Konzept von *Unabhängigkeit* Zu Sei sehr geschmacklos für mich. Diese Unzufriedenheit veranlasste mich, mich auf Die einfach „ *Abhängigkeit* " seit Es stammt von dem zusammengesetzten Wort „ *Unabhängigkeit*". „*Abhängigkeit* " erzeugte für mich sogar ein noch beunruhigenderes Ergebnis in meinem Denken, weil ich nicht sah, dass sie etwas Sinnvolles zur Existenz beiträgt, wenn sie für sich allein steht. Auf seiner eigen ohne Referenz Zu irgendetwas anders, *Abhängigkeit* War mehr belastend Und langweilig. Aus Neugier und Wissbegierde beschloss ich, etwas mehr nachzuforschen, und so landete ich in der Welt des zusammengesetzten Wortes: „*Interdependenz*" . Nach viel Gedanke Verarbeitung habe ich eine Nische für das mögliche Heilmittel gefunden.

Ich war auf einer Hochzeit (Oktober 2021), wo ich angerufen Zu geben A Wort von Beratung Zu Die frisch verheiratetes Paar. Es war eine spontane Einladung, etwas zu sagen und einen Rat zu geben. Ich stand auf und sagte Folgendes:

Vermeiden Sie in dieser Ehe, unabhängig voneinander zu leben, denn das ist ein Mythos, das heißt, so etwas gibt es nicht. Vermeiden Sie ein abhängiges Leben, denn es ist belastend; leben Sie vielmehr voneinander abhängig, denn das ist der Weg zum Erfolg. Als zwei unabhängige Menschen müssen Sie abhängig leben, indem Sie sich aufeinander verlassen, wenn Sie auf dieser Ehereise erfolgreich sein wollen. Leben Sie nicht unabhängig voneinander, denn Sie brauchen einander, sonst wird diese Ehe einen bitteren Beigeschmack haben. Leben Sie nicht abhängig, denn Sie werden jeweils zur Last und geben der Ehe einen bitteren Beigeschmack. Leben Sie voneinander abhängig, denn Das Ist Was Leben Und Hochzeit bestehen von, Und Du Wille Genießen Sie einen süßen Geschmack.

Der Moment ICH saß runter, Es dämmerte An Mich Das Ich hatte diese Konzepte eine Weile untersucht, und es war an der Zeit, diese Gedanken zu Papier zu bringen. Ich wandte mich an meine Frau, Dr. Fatima Alfa und teilten die Gedanken. ICH Bin verschuldet Zu ihr für Das Projekt, insbesondere als mein Schreiber beim Autofahren An Die Straße. ICH Bin Auch verschuldet Zu Sime-on Alfa, Mein Bruder, WHO beraten An Die bessere Möglichkeit, an den Bericht heranzugehen.

Mein Ziel ist es, dass dies zu einem Projekt für die Menschheit wird, insbesondere weltweit, da wir von diesem Weg der menschlichen Existenz abgewichen sind. Wir müssen zurückkehren Zu Was Wille geben Heiligkeit Zu menschliche Existenz und Menschlichkeit, und das Projekt beginnt jetzt. Dies wird ein allumfassendes Projekt sein, das erfordert jedermanns Aufmerksamkeit Und Engagement, während wir daran arbeiten, die verheerende Realität der menschlichen Abkopplung aufzuhalten, die sich am Horizont abzeichnet oder die begonnen hat, den Sinn der menschlichen Existenz zu untergraben

Einführung

In der Welt gibt es ein großes Streben jedes Menschen, und es ist das Streben nach Unabhängigkeit. Das Streben nach Unabhängigkeit ist seit Anbeginn der Welt eine der größten Herausforderungen der Menschheit. Aus dem einen oder anderen Grund fühlen sich Menschen von etwas gefangen oder fühlen wie Sie Sind kontrolliert von jemand oder so, Und somit wollen Freiheit. A Der Mensch sehnt sich nach Unabhängigkeit von allem, ohne wirklich zu wissen, was dieses Streben mit sich bringt. Wir wollen Unabhängigkeit, weil wir uns von unseren Mitmenschen gefangen fühlen, die wir als über uns stehend, unterdrückend und bedrückend betrachten. Wir haben das Gefühl, dass es etwas gibt besser Das Wir Sind Sein beraubt von, daher wollen wir freigelassen werden, damit wir das Ding wirklich für uns selbst erforschen können. Menschen Sind niemals befriedigt mit beliebig Erklärung von einer anderen Person, weil unser Denken nur darauf abzielt, sich von der Illusion des Gefängnisses zu befreien von Leben, Und am meisten von Die Zeit, Es Ist Selbstgefängnis. Tatsächlich betrachten wir sogar Die Erläuterung als A Weg von binden uns hinunter in dieses Gefängnis. Auf dieser Ebene haben Menschen das Gefühl, benachteiligt zu werden oder dass die Person, die hilfreich zu sein scheint, gleichzeitig versucht, uns zu benachteiligen. Obwohl *Unabhängigkeit* großartig erscheint – man beachte das Wort „ *scheint* " –, bringt sie einige schlimme Konsequenzen mit sich, die außerhalb der menschlichen Kontrolle liegen. Der neugierige menschliche Geist profitiert jedoch so sehr von der Suche nach Unabhängigkeit Das er/sie weiter Zu belästigen

Menschheit, wodurch wir denken, dass wir das entdecken werden, was andere vorenthalten uns von. Der Geist Wille weitermachen Zu engagieren Sie unsere Emotionen führend uns Zu Die Weg von irrationale Handlungen statt rationaler Entscheidungen auf der Grundlage fundierten Wissens. Um wirklich unabhängig und selbstständig zu sein, sind Opferbereitschaft und Entschlossenheit erforderlich .

Warum tut Menschheit ausgeben Also viel Zeit In die Verfolgung von Unabhängigkeit? Manche von Die Gründe sind:

1. Das ***Wohlfühlsyndrom*** – Es fühlt sich einfach gut an, unabhängig zu sein. Das Streben nach Unabhängigkeit, das auf diesem Syndrom beruht, ist zu oberflächlich, da Wohlfühlen immer nur vorübergehend und fast immer nur vorübergehend ist. Was passiert, wenn das Gefühl verflogen ist?
2. Das „ ***Ich möchte so sein wie er/sie***“ -Syndrom – Das Ist Die Wunsch Zu Sei wie andere Menschen entweder aufgrund ihres Aussehens oder ihrer Einstellung. Bei manchen ist es aus Neid, Eifersucht oder ungesundem Konkurrenzkampf entstanden. Wir erkennen nicht, dass unsere Situationen unterschiedlich sind; daher gibt es keine Einheitslösung für jeden Menschen. Niemand hat eine Ahnung von Was Die andere Person Ist kämpfen mit, daher der Wunsch, wie der andere zu sein Person Ist basierend An Emotionen die schnell verschwinden. Die Wettbewerbsfähigkeit in A menschlich Sein führt Zu Die Suche für Unabhängigkeit,

und es ist meist ein Wettbewerb gegen das Unbekannte.

1. ***Mangelndes Vertrauenssyndrom*** - Manchmal Suche für Unabhängigkeit Ist Weil unserer Verdacht von Die Menschen Wir handeln mit; aber wir erkennen nicht, dass es Konsequenzen hat, die sehr kostspielig sind. Die Angst vor Manipulation und Hintergedanken durchdringt unser Grund für Suche Unabhängigkeit, weil wir nicht ganz sicher sind, was die andere Person denkt. Sie können vorstellen Die Situation von Sein betrogen von Die andere Person. Der resultierende Tatsache ist, dass Sie versuchen werden, sich auf das Unbekannte vorzubereiten. Die Angst, betrogen zu werden, kann dazu führen, eins Zu Werden A schummeln. Der Das Streben nach Unabhängigkeit könnte einen schließlich in einen imaginären Kämpfer verwandeln.

Man muss sich fragen: Was ist *Unabhängigkeit* ? Kann man Unabhängigkeit als Freiheit von anderen Menschen, als Isolation von anderen, als Inseldasein usw. beschreiben? Was bedeutet Unabhängigkeit dann? Wir machen von Die gemeinsam sagen: ***NEIN eins Ist eine Insel?*** Wenn das der Fall ist, wie funktioniert dann die Unabhängigkeit werden solch A heiß verfolgen von Besonders bei jungen Menschen, deren Eltern in ihrem Leben keine Rolle mehr spielen oder keine Bedeutung mehr haben? Junge Erwachsene führen einen Lebensstil, der von ihren Eltern und Familienmitgliedern getrennt ist, was zu einem Leben in Isolation, Entfremdung und Trennung führt.

Der Ausgabe von Unabhängigkeit Ist nicht nur mit menschlich

Wesen. Das Gleiche gilt für fast alles. Nehmen für Beispiel, Dort Ist NEIN Ein Land, das seine Unabhängigkeit erlangt hat und völlig auf sich allein gestellt ist . Kein Land, das allein Handel treibt, wird auf dem Weltmarkt als wirtschaftlich stark gelten. Es muss ein gewisses Maß an Interaktion und Austausch geben . Dort Überreste manche Ebene von Treue zum „ehemaligen Herrn". Wenn Unabhängigkeit wirklich Unabhängigkeit ist, dann müssen alle diese Bindungen erlöschen, aber Das Ist niemals Die Fall. Der ehemalig Master ist immer Suche für Wege Zu Übung manche Niveau der Kontrolle Und Eigentum, während Die ehemalig Der Diener sucht weiterhin Unterstützung vom ehemaligen Herrn. In manchen Fällen kann es Konsequenzen haben, wenn einer etwas tut, womit der andere nicht zufrieden ist, aber im eigentlichen Sinne Unabhängigkeit, Nichts wie Das sollen existieren. Sogar Wann Die sogenannte Unabhängigkeit Ist angeblich gewährt, kann es nie eine Anerkennung durch Die ehemalig Master Das Die ehemalig Diener ist ein gleichberechtigter Partner auf gleicher Ebene. Für die Unabhängigkeit Zu Sei wirklich Unabhängigkeit, insbesondere auf A global Ebene, Dort Ist muss Sei A Statusänderung hin zu Gleichheit für Fairness auf dem Spielfeld. Das ist nicht der Fall. Es ist der Mangel an Unabhängigkeit in den nationalen und internen Beziehungen, der zum Neokolonialismus geführt hat, aber im eigentlichen Sinne ist es kein Neokolonialismus, weil es niemals gewesen vollständig Freiheit oder Unabhängigkeit. Es war nur eingebildet, nicht real. Die angeborene Wunsch In menschlich Zu Kontrolle oder Zu Sei In Kontrolle verneint das Wesen der Unabhängigkeit; und die Furcht Zu Stand An sich, besonders, nach

Lange Zeit unterwürfig zu sein, stellt eine große Herausforderung für die Unabhängigkeit dar.

Viele Menschen oder Nationen denken nicht darüber nach, was „ *Unabhängigkeit* “ bedeutet. Viele Menschen sogar nehmen A Schritt weiter Zu halten ob ein Leben in Unabhängigkeit die Grundlage für die Entwicklung des Menschen ist oder konfiguriert Zu live. Viele Tun nicht auch nur darüber nachzudenken, welche Konsequenzen die Unabhängigkeit könnte Sei. In Mein reflektierend Denken von diese Sache namens „ ***Unabhängigkeit*** “ nach dem viele Menschen, Nationen, Kinder usw. streben, musste ich einige ernste und schwierige Fragen stellen, darunter, aber nicht beschränkt auf die folgenden:

Was tut Unabhängigkeit Was bedeutet das? Ist Unabhängigkeit real?

Wurde der Mensch als unabhängiges Wesen geschaffen? Wenn wir die Grundkonfiguration des Menschen verstehen, ist Unabhängigkeit das, was für den Menschen vorgesehen ist?

Was Sind Die Vorteile der Unabhängigkeit?

Gibt es Merkmale der Unabhängigkeit, mit denen wir uns identifizieren können? Welche sind das ?

Was bedeutet Unabhängigkeit für eine Nation? Kann eine Nation wirklich unabhängig sein ?

Welche Alternativen gibt es zur Unabhängigkeit und wie hängen sie gegebenenfalls zusammen?

Tut Unabhängigkeit bedeuten Freiheit?

Wie bedeutet „Unabhängigkeit", also „nicht abhängig", „Freiheit"?

Auf meiner Suche nach Antworten auf die oben genannten Fragen, ICH gestartet Zu reflektieren An Die Tatsache Das Unabhängigkeit bringt ernste Herausforderungen und Konsequenzen mit sich, die den Menschen grundsätzlich benachteiligen und sein Wohlbefinden gefährden. Ich habe aber auch festgestellt, dass Unabhängigkeit große Vorteile mit sich bringt. Auf meiner Suche nach Alternativen zur Unabhängigkeit habe ich *„Abhängigkeit"* und *„ Interdependenz" in Betracht gezogen* . Auf den folgenden Seiten werde ich jede dieser Alternativen und ihre Auswirkungen auf die menschliche Existenz untersuchen.

Kapitel 1 - Abhängigkeit

Definition Und Beschreibung

Laut Merriam-Webster-Wörterbuch bedeutet ***Abhängigkeit*** *den Zustand, etwas zu brauchen oder jemand anders für Unterstützung, helfen* . Es ist der *Zustand, sich auf jemanden oder etwas anderes zu verlassen oder von ihm kontrolliert zu werden.* Es ist auch die Abhängigkeit von jemand oder etwas für Unterstützung. ***Abhängigkeit*** ist ein Zustand, in dem jemand stark von jemand anderem oder etwas anderem abhängig ist.

Abhängigkeit ist ein Gefühl der Unvollständigkeit ohne etwas anderes. Ihre Vollständigkeit liegt in der Hinzufügung von etwas anderem, von dem sie abhängig ist. Es Ist Die Konzept von fehlt voll Verwirklichung oder volles Potenzial ohne das andere Stück oder Stücke, um es zu ergänzen oder zu ergänzen. Es ist eine schwache Position; daher die Macht der Nahrung Ist abwesend bis Die andere Stücke Sind gegenwärtig. Abhängigkeit konnotiert Die Idee von Vertrauen auf A Leistung Quelle für Existenz oder bieten die nötige Vitalität. Es ist Handlungsunfähigkeit aufgrund von Machtlosigkeit. Es Ist Auch Die Vorstellung von Unvollkommenheit, Unzulänglichkeit, Unzulänglichkeit, Mangel von Kompetenz, Hilflosigkeit, Machtlosigkeit, Zerbrechlichkeit, Substanzlosigkeit und Verletzlichkeit.

Eigenschaften von Abhängigkeit

UM DIE MERKMALE DER Abhängigkeit besser zu verstehen, ist es notwendig, einige ihrer Eigenschaften zu untersuchen. Einige der Eigenschaften der Abhängigkeit sind:

Hilflosigkeit – Unfähigkeit, sich zu verteidigen oder Akt effektiv. Es bedeutet Sein nicht in der Lage Zu sich selbst helfen ; schwach oder abhängig: A ***hilflos*** ungültig; der Kraft oder Macht beraubt; ***machtlos*** ; handlungsunfähig: das Gefühl oder der Zustand, nicht in der Lage zu sein, sich selbst oder anderen zu helfen: Etwas für andere zu tun, kann das Gefühl der ***Hilflosigkeit lindern*** . Es fehlt an Schutz oder Unterstützung.

Schwäche - Die Zustand oder Zustand von Mangel an Stärke. ***Schwäche*** wird definiert als ein Mangel von Stärke oder einem Charakterfehler; oder etwas , dem man nicht widerstehen kann; der Zustand oder die Qualität des Seins schwach. *Frei Wörterbuch* definiert Schwäche als – 1. Zustand oder Eigenschaft der Schwäche; Mangel an Kraft, Festigkeit, Vitalität oder dergleichen; Gebrechlichkeit; 2. eine unzureichende oder mangelhafte Eigenschaft.

Wehrlosigkeit – Die Qualität von Sein sich nicht vor Angriffen schützen können; die Tatsache, keinen Schutz zu haben.

Sicherheitsrisiko - Sicherheitslücke Ist A Schwäche In ein System oder Gerät Das dürfen Sei ausgenutzt Zu unberechtigten Zugriff zulassen, Rechteerweiterung oder Denial of Service. *Verwundbarkeit* bezieht sich auf die Unfähigkeit, den Auswirkungen einer feindlichen Umgebung standzuhalten .

Unterwürfigkeit - Bereitschaft Zu gehorchen andere ohne Fragen zu stellen; der Zustand, weniger wichtig zu sein als etwas oder jemand anderes.

Unterordnung – Einstufung in eine niedrigere Klasse, einen niedrigeren Rang oder eine niedrigere Position; der Akt, jemandem oder etwas weniger Bedeutung oder Macht zu geben.

Fragilität – Dieses Merkmal der *Abhängigkeit* bezieht sich Zu Die Idee von nicht Sein fähig Zu sich selbst erhalten, Und stets Sein A zerbrechlich Position und benötigt daher die Unterstützung, um intakt zu bleiben .

Alle oben beschriebenen Merkmale der ***Abhängigkeit*** lassen sich leicht auf den Menschen übertragen. Von anderen abhängig zu sein für jemandes Existenz, Anrufe für manche ernst Bewertung des Wertes, den man ins Leben bringt und Leben. Eins dürfen vorstellen Die Typ von Leben Das hier würde Sei Leben In Das Zustand von Leben – *Abhängigkeit* . Wir werden einige der Fallstricke der *Abhängigkeit untersuchen* .

Fallstricke der Abhängigkeit

ANHAND EINIGER MERKMALE oder Eigenschaften werden wir einige der Nachteile, Gefahren und Stürze eines *abhängigen Lebens untersuchen* . Das Konzept der *Abhängigkeit* kann zu folgenden Gefühlen führen:

Depression – die Tatsache, dass man abhängig ist von Die andere dürfen führen Zu Depression, insbesondere, wenn Dinge Tun nicht arbeiten aus nach Zu jemandes

Erwartungen, was immer der Fall ist, wenn man der Gnade einer anderen Person ausgeliefert ist. Wenn die Erwartungen Sind nicht bevorstehend, Es dürfen führen einer Depression. In den Worten von Atticus' Gedicht „Depression ist farbenblind und man hört ständig, wie bunt die Welt ist." Der Abhängige ist farbenblind, aber weil er die Farbe nicht bestimmen kann, wird ihm gesagt, wie bunt die Welt ist, wenn sie nicht bunt. Es Ist A gedrückt Leben Zustand wenn man Ausdruck von Leben Ist abhängig An Ausdruck einer anderen Person. Depression ist der Verlust von Kontrolle von jemandes eigen Emotionen Und emotionale Stabilität. Es handelt sich um einen Zustand instabiler Psyche, der zu Unglück führt. Wenn Sie abhängig sind, werden Ihre Erwartungen höchstwahrscheinlich die meiste Zeit nicht erfüllt. Der Mangel an Kontrolle von jemandes eigen Bestimmung dürfen führen Zu A Zustand der Depression.

Agitation – Menschen, die immer unter Kontrolle sind von ein anderer Person aufregen für manche Art von Freiheit, die nicht immer erreichbar ist. Man wird immer protestieren, der angebliche Chef oder der eins An dem eins Ist abhängig. Jemand sagte: " *Zu Sei A menschlich Sein bedeutet Zu besitzen ein Minderwertigkeitsgefühl, das ständig auf die eigene Überwindung drängt. Je größer das Gefühl von Minderwertigkeit Das hat gewesen erfahren, die mehr leistungsstark Ist Die Drang für Eroberung und desto heftiger die emotionale Erregung* . Das Gefühl der Unzufriedenheit aufgrund von Entbehrungen durch den Kontrollierenden erzeugt immer den Geist der Erregung aus von Die Wunsch Zu kriechen aus von Die

Zustand von Abhängigkeit.

Wut – Wenn man seine täglichen Aktivitäten nicht unter Kontrolle hat, entsteht Wut. Wenn man nicht die Freiheit hat, das zu tun, was man möchte mag, Wut Wille Sei angezeigt aus von Frustration, da er/sie nichts dagegen tun kann. Der Entzug der eigenen Wünsche verursacht Wut.

Angst – Was kann man anderes tun, als in ständiger Angst von Was kommt nächste aus derjenige, von dem man abhängig ist? Angst ist das Gefühl von Sorge, Nervosität oder Unbehagen aufgrund von Unsicherheit über den Ausgang. Die abhängige Person hat keine Kontrolle über den Ausgang, da sie nicht am Entscheidungsprozess teilnimmt, da ihre Stimme verschluckt wird. Die Sprachlosigkeit des abhängig Person führt Zu Angst. Es führt zu Nervosität hinsichtlich der Auswirkungen der Entscheidung auf ihn/sie. Ein Leben in Ungewissheit ist ein Leben voller Angst, Sorge und Nervosität .

Wenn A Leben von Abhängigkeit Hände eins manche Wenn man die oben beschriebenen, keineswegs erschöpfenden Fallstricke beachtet, ist viel mehr als *eine „Abhängigkeit"* wünschenswert . Die Alternative zu „ *Abhängigkeit* ", die logisch erscheinen könnte, wäre „ *Unabhängigkeit* ", was wörtlich „ *nicht abhängig" bedeutet* . Wir Wille prüfen Und erkunden *'Unabhängigkeit'* auf den nächsten Seiten, um festzustellen, ob dies eine praktikable Alternative zu einem Leben in *„Abhängigkeit" sein kann* in der menschlichen Existenz.

Kapitel 2 – Unabhängigkeit

Unabhängigkeit: Definition Und Beschreibung

Offensichtlich hat das Wort *„Unabhängigkeit“ etwas mit dem Wort „ Abhängigkeit* “gemeinsam . Das Präfix „ *in* “*führt* jedoch dazu, dass die Bedeutung der beiden Wörter gegensätzlich ist. *Unabhängigkeit* (Unabhängigkeit) bedeutet, in Angelegenheiten nicht von anderen beeinflusst oder kontrolliert zu werden. von Meinung, Benehmen, Denken, Schauspielkunst für sich selbst; nicht Thema Zu eines anderen Behörde oder Gerichtsbarkeit, sich nicht auf die Hilfe oder Unterstützung eines anderen oder anderer verlassen; sich weigern, anderen gegenüber Verpflichtungen einzugehen (Woolf, 2002).

Unabhängigkeit kann definiert werden als die Anerkennung von Die Person als A Thema (nicht „Objekt“), eine Person; ein beitragender Mensch, der anerkannt wird; der es wert ist, etwas zu bewirken.

Wir haben auch über „unabhängiges Denken“ gelesen. Unabhängiges Denken ist das Denken, das alle anders **aus von** Die Gleichung. Es Ist ein alleiniges Denken, ohne Rat und Beratung zu suchen. Ein solcher Ansatz oder eine solche Haltung, den Rat anderer nicht einzuholen, könnte aus Angst vor dem Zuhören entstehen zu gegensätzlichen Ansichten oder Meinungen, die im Widerspruch/Konflikt stehen würden mit Die Ansichten von Die unabhängige Denker. Es verhindert eine der Möglichkeiten Zu Forschung Und lernen um andere Perspektiven die immer zu einer ordnungsgemäßen informiert Position An Probleme. Unabhängig Denken Grenzen eins Zu sein/ihr eigen Und nur Perspektive und Lebenseinstellung. Unabhängiges Denken tut nicht unterhalten Beratung Weil Es wird berücksichtigt von Die unabhängig Denker als A Zeichen der Schwäche; die Vorstellung, dass sie unterworfen sind, oder beeinflusst von, ein anderer Person – *Die Konzept der Abhängigkeit* . Der unabhängige Denker tut nicht halten Die Tatsache Das Versagen Zu konsultieren mit anderen könnte ein Hindernis für den Fortschritt im Leben sein, weil es Raum für viele ungerechtfertigte Fehler geben würde, die hätten vermieden werden können, wenn man Rat eingeholt hätte oder wenn es unterschiedliche Perspektiven gäbe, die zu einer produktiveren Abschluss, basierend An Die Zusammenhalt und die Verschmelzung der unterschiedlichen Perspektiven.

Ein Analyse der Unabhängigkeit

IM ALLGEMEINEN ZIEHEN es die Menschen vor, ihre Unabhängigkeit zu bewahren und weiterhin in ihrer eigenen Welt zu leben, anstatt sich zu verändern. Es ist zwar großartig, in seiner eigenen Welt zu leben, aber es muss in ein Weg, der nicht zur **Isolation führt,** was bedeutet, von anderen Menschen allein zu sein. Laut Dr. G. Allen Power, MD, FACP, In ***Demenz*[1]*Darüber hinaus*[2]*Krankheit*** [3]*: Verbesserung Wohlbefinden* , "Isolierung Ist potenziell gefährlich, weil es uns von einem Netzwerk trennt der Unterstützung, falls Schwierigkeiten auftreten“ (Power, 2014). Die Gefahr besteht darin, dass diejenigen, die streben Und verkünden Unabhängigkeit nehmen

1. ***http://www.alpower.net/alpower_Dementia_Beyond_Disease.htm***

2. ***http://www.alpower.net/alpower_Dementia_Beyond_Disease.htm***

3. ***http://www.alpower.net/alpower_Dementia_Beyond_Disease.htm***

Diese Ideologie wird auf die Spitze getrieben, indem man sich wünscht, von allem anderen frei zu sein, als ob das deren Existenz bestätigen würde. Sie gleichsetzen Unabhängigkeit Zu Freiheit. Dr. Leistung weiter erklärt Das: "NEIN eins Ist wirklich unabhängig, Aber Weil Das Ist gehalten hoch als ein Ideal (Und Abhängigkeit Ist gesehen als schlecht Und bur densome), Menschen Sind unwillig Zu fragen für Unterstützung Und Unterstützung Wann Sie brauchen Es. Und Da sie nicht in der Lage sind, für sich selbst zu sorgen, werden sie zunehmend isoliert In ihre Häuser, sogar von ihren unmittelbaren Nachbarn." (Power, 2014). Isolation führt schnell zu **Einsamkeit** , und Einsamkeit bringt soziale, wirtschaftliche, mentale, psychologische, soziologische und medizinische Herausforderungen mit sich. Einsamkeit dürfen führen Zu Verlust von Sozial Interaktion, die sich weiter nachteilig/negativ auf die physische, psychische, emotionale, kognitive, spirituell, Und Gesundheit Wohlbefinden. Diese Wer sind isoliert allgemein Tun nicht haben Die Konzept der Hilfesuche nicht mehr, weil sie haben gegangen darüber hinaus Die Ebene von Suche zum einen. Laut Sophia Dembling (2014) kann Isolation/Einsamkeit „auch bedeuten, dass man keine eins Zu helfen Du Wann Du brauchen es – sei es körperliche Hilfe oder emotionale Unterstützung." Es Ist sehr wichtig Das Wir unterscheiden zwischen ***Isolation Und Einsamkeit*** . Isolierung Ist fast wie eine Krankheit, über die man keine Kontrolle mehr hat, obwohl man anfangs die Kontrolle hatte, weil von Die Suche für Unabhängigkeit. Einsamkeit, auf Die andere Hand, Ist A Auswahl Das eins macht, und es ist vorübergehend. Einsamkeit ist vorübergehend, weil Es Ist für A Zweck von Erreichen manche-

Ob bei der Arbeit an einem Projekt, bei der Meditation, um Ablenkung zu vermeiden oder auf einer spirituellen Reise nach Selbstfindung. Einsamkeit impliziert daher keine negative Absicht, wie Isolation, die ein bewusster Versuch ist, sich von anderen Menschen abzugrenzen. *Sophia Dembling* , **Introvert's Way: Living a Quiet Life in a Noisy, unterscheidet zwischen Einsamkeit und Isolation.**[4] **Welt** [5], (2014) Staaten Das Einsamkeit Und Isolation sind nicht Die Dasselbe Dinge, Und Das "Einsamkeit kann etwas sehr Positives sein und bedeutet, dass man die Wahl hat. Isolation entsteht, wenn man sich nicht mehr für die Einsamkeit entscheiden kann."

Unabhängigkeit und Individual

ZU INDIVIDUELL IST Zu Sei vereinzelt aus oder Sei als unterschieden von ähnlichen Wesen behandelt. Manchmal wird das Streben der Jugendlichen nach Unabhängigkeit auch als „individuell" von den Eltern bezeichnet. Die Teenagerjahre gehören manchmal zu den qualvoll Jahreszeiten In Leben – für beide Eltern und Kind. In Die Jugendlichen Suche Zu „individualisieren" sich von seinen Eltern, lehnen die elterlichen Werte offen ab und rebellieren gegen deren Regeln. Die Jugendlichen sind misstrauisch, dass die Zwecke Sind lediglich Zu machen ihnen miserabel. Obwohl Sie letztlich kommen Zu zustimmen auf jene Angelegenheiten, Die Tatsache Überreste Das von Das Zeit, in ihre Beziehung mit ihre Eltern, Die Beziehung wäre voller Spannungen gewesen. Eltern zweifellos Klage Die Ablehnung von ihre

4. **http://sophiadembling.com/books.html**
5. **http://sophiadembling.com/books.html**

Kinder, die Weisheit ihrer Anweisungen zu beachten, wohl wissend, dass diese Anweisungen später In Leben, Ersatzteil ihnen unnötig emotional und physisch Schmerzen. Der Idee von *Unabhängigkeit* , in Das Fall, weitgehend ermutigt *Zerfall* , insbesondere im Hinblick auf Familienmitglieder, die sich sehnen für *Unabhängigkeit* Weil Sie fühlen dass sie 'haben angekommen' von Alter. Das Ist A wesentlich Merkmal von 18 Jahre alt jung Menschen. Der Tatsache bleibt Das viele von ihnen Akt An Die emotionale Bühne und oberflächliches Konzept.

Im Umgang mit vielen Teenagern, die nach *Unabhängigkeit streben* , ist es allgemein bekannt, dass viele von ihnen nicht die geringste Ahnung haben, wonach sie sich sehnen oder was sie erreichen wollen. Für viele von ihnen ist Unabhängigkeit ein Statussymbol, insbesondere wenn sie Gleichaltrige sehen. WHO erzählen ihnen Geschichten von ihre selbsternannte Unabhängigkeit.

Für manche ist der Wunsch nach *Unabhängigkeit* ein Zeichen des Gruppenzwangs. Sie wollen einfach nur so sein wie ihre Mitjugendlichen, wissen aber nicht, was das bedeutet. Sie wollen nicht wissen, dass selbst eineiige Zwillinge unterschiedliche Ansichten über den Lebensstil haben. Und somit Was Ist Gut für Die Gans ist möglicherweise nicht gut für den Gänserich. Sie interessieren sich nicht für den familiären Hintergrund oder die Arbeitsweise der Familien ihrer Mitjugendlichen. Sie haben keine Ahnung von der finanziellen Stärke der Familien ihrer Mitjugendlichen. Sie haben keine Ahnung, was zu dieser Entscheidung geführt hat. Sie haben NEIN Idee von Die Anordnung zwischen Die Familie Mitglieder, Und Also An.

Der diejenigen WHO haben Die Mentalität Zu Individuen nehmen Gesetze in ihre eigenen Hände, als ob sie im vollen Bewusstsein dessen, was die Zukunft für sie bereithält. Sie Tun nicht wollen Zu lernen aus diese WHO haben diese Phasen im Leben durchlaufen, insbesondere ihre Eltern. Für viele von ihnen, Sie eher Erfahrung Es selbst als lernen aus Die Weisheit von diese WHO haben bereits erfahren es. Konventionell Weisheit Forderungen Das NEIN Der Mensch sollte die Fehler derer machen, die vor ihm stehen, unabhängig von der jeweiligen Ordnung.

Manche jung Menschen sogar beschuldigen ihre Eltern von Sein veraltet In ihre Ausblick An Leben, insbesondere, da sie behaupten, dass die jungen Menschen im Jet-Zeitalter sind, im Gegensatz zu ihren Eltern, die einer anderen Dispensation angehören, die nicht so sehr erleuchtet. Sie halten ihre Eltern als altmodisch, aber sie erkennen nicht, dass Angelegenheiten von Leben wieder auftauchen Und niemals laufen von Mode. Der Ethik von Leben bleiben Die unabhängig von Generationen und Generationsunterschieden gleich. Für Beispiel, Versagen Ist Versagen; Erfolg ist Erfolg; Und Respektlosigkeit Ist Respektlosigkeit, NEIN egal welche Generation. Wahrheit ist Wahrheit. Lüge ist Lüge. Böse ist böse. Gut ist gut. Die Fakten von Leben Und Konsequenzen für Verhaltensweisen sind zeitlos, dispensationslos, zeitlos, Und generationslos. Wir können sie nur interpretieren anders, Aber Die Konsequenzen Sind das gleiche. Diese Punkt Zu Die Tatsache Das Es Ist A Mythos streben für Das Ding angerufen Freiheit oder Unabhängigkeit ohne A voll Verständnis von Was Das bedeutet. Viele werden von diesem Wunsch getrieben, ohne gründlich zu prüfen, was er mit sich bringt. Viele der jungen Menschen ziehen sogar selbst aus dem Elternhaus aus, und wenn sie erkennen, dass ihre Erlebnisse Sind bei Varianz mit Ihre Erwartungen, dann fällt es manchen von ihnen schwerer, ihre Fehler und Fehleinschätzungen einzugestehen und zu ihren Eltern und ihrer Familie zurückzukehren. Das Ego, das sie zu einer vorzeitigen Abreise zwang Wille nehmen A besser Teil von ihnen so dass sie nicht mehr zurückkehren wollen. Viele dieser Jugendlichen geraten in unerträgliche Situationen oder sterben sogar.

Unabhängigkeit Und Selbstauskunft

SELBSTAUSKUNFT ist eine Sache/Übung, die so hart für menschlich Wesen Zu einschiffen An. Warum? Es ist eine Phase der Transparenz und Verletzlichkeit. Man setzt sich Kritik und Spott aus. Selbstenthüllung ist für viele Menschen kein willkommenes Konzept. Der Grund für dieses Desinteresse an Selbstenthüllung ist *Unabhängigkeit* . Niemand möchte kritisiert werden, indem er sich der Welt öffnet. Niemand möchte sich ungewöhnlichem Spott aussetzen. Tatsache bleibt, dass Selbstauskunft die Entscheidung ist, den Autobahn bei Die Kosten von viele Anspielungen und ungesunde und falsche Annahmen anderer Menschen über den eigenen Charakter. Es ist einfacher und ehrenhafter, die ganze Welt wissen zu lassen, was man getan hat, als darauf zu warten, dass die Welt Zu entdecken. Es Ist Einfacher Zu lassen Die ganz

Die Welt weiß, wer man ist, bevor die Welt sich auf die Suche nach der eigenen Identität macht, insbesondere wenn es eine dunkle Seite gibt. Der Schaden, der entsteht, wenn die Welt etwas über einen erfährt, ist viel größer als der durch Selbstenthüllung. Selbstenthüllung bedeutet, sich zu outen, anstatt auf die öffentliche Enthüllung zu warten. Wenn man sich ohne beliebig mehr Geheimnisse, Dann Menschen Wille nicht Es gibt viel Böses über dich zu erzählen. Bis die Leute anfangen, die Geschichte zu erzählen, wird es nichts anderes geben, weil du selbst alles aufgedeckt hast. Selbstenthüllung ist Selbstentlastung. Selbstoffenbarung ist Heilung. Selbstenthüllung beseitigt die Angst, mit Gerüchten und Rufmord diskutiert zu werden. Selbstenthüllung ist selbstbefreiend. Es ist Freiheit von emotionalen, psychologischen und soziologischen Traumata und Schuldgefühlen. Selbstauskunft Ist Offenheit Und Transparenz, die schwerwiegende Auswirkungen haben könnte; daher ist es nicht üblich, dass Menschen, die wollen bestätigen ihre Position Und beanspruchen *Unabhängigkeit* . Wer möchte schon dem Spott ausgesetzt sein? **Selbstauskunft Ist Selbstoffenheit öffentlich** . Für die Person, die Unabhängigkeit beansprucht, gibt es dürfen Sei NEIN Selbstentblößung, Selbstauskunft und Selbstoffenheit, weil er/sie niemandem eine solche Verpflichtung schuldet.

Selbstenthüllung ist nicht dasselbe wie **Selbstverurteilung** . Selbstverurteilung bedeutet, dass man nicht gut genug oder nicht einmal geeignet ist, in der Gesellschaft einer Gruppe zu sein. Oftmals ist Selbstverurteilung führt Zu Selbstmitleid welche hat negative Auswirkungen auf eine Person, die solche Gefühle hat. Selbstverurteilung ist immer das Ergebnis der eigenen Unfähigkeit, offen zu sein und zu interagieren. Wer sich selbst offenbart, kann Elemente der Selbstverurteilung überwinden, weil er den Mut hat , Gesicht Die öffentlich. Der Person Wille nicht Sei Blick über sein/ihr Schulter für Furcht von Sein erstochen. Wer sich nicht selbst offenbart, wegen des Anspruchs auf Unabhängigkeit und die eigene Leben, Wille mehr wahrscheinlich neigen in Richtung Selbstverurteilung als derjenige, der sich selbst offenbart. Es ist bemerkenswert, dass Selbstverurteilung auch dazu führen kann eins Zu Die verfolgen von *Unabhängigkeit,* wo er/sie isoliert werden kann.

Unabhängigkeit und Zusammenarbeit

ALLEIN ZU HANDELN, *Unabhängigkeit* , führt zu vielen unbekannten Fehler Weil alles Ist gesehen in und durch die Augen der einen und einzigen Person. Es fördert nicht die Zusammenarbeit mit anderen. *Unabhängigkeit* erkennt die Meinungen anderer nicht an und fördert nicht die Zusammenarbeit, da Unabhängigkeit als ein Weg der Selbstfindung und als Suche nach der eigenen Identität wahrgenommen wird. Das Streben nach *Unabhängigkeit* könnte Sei A selbsthemmend Akt Zu Limit Man kann sein Potenzial im Leben nicht ausschöpfen, was ohne Zusammenarbeit nur schwer möglich ist. Die Folgen können Selbstmord, Drogenmissbrauch, Alkoholismus und andere Laster sein.

Unabhängigkeit fördert Silos, was schädlich ist Zu Zusammenarbeit Und synergetisch Lösungsansatz , insbesondere auf dem Markt oder in einer Gemeinschaft. Wo jeder in einer Gemeinschaft für sich bleiben möchte, kann es keine Synergie geben, und die Stärke nimmt ab. **Zusammenarbeit** hingegen schafft Synergie, die durch den gemeinsamen Fokus und die Einzigartigkeit die Leistungsstärke fördert. von Zweck von Die Team. Der Idee der Einheit von A Team durch Zusammenarbeit Ist verloren, wo *Unabhängigkeit* das Schlagwort ist.

Eigenschaften von Unabhängigkeit

UNABHÄNGIGE MENSCHEN tun bestimmte Dinge, die andere Tun nicht. In Das Abschnitt Dort Wille Sei A Diskussion von manche von Die gemeinsam Attribute von einige der unabhängigen Personen. (*EIN Haftungsausschluss, dass diese nicht alle gemeinsam mit jedem, der trinkt Die Geist Unabhängigkeit, Aber Sie Es könnten gemeinsame Merkmale sein, die auf eine solche Gruppe von Menschen zurückzuführen sind. Außerdem sind in dieser Liste nicht alle Attribute aufgeführt* .

Nehmen Risiken

UNABHÄNGIG MENSCHEN streben Zu besser sich selbst und ihr Leben. Ein besseres Leben zu führen bedeutet, dass sie nehmen mehr Risiken als andere Weil Sie haben keine Angst vor den Konsequenzen. Viele von ihnen Tun was auch immer Es dauert Zu Gesicht Die Herausforderungen die sie konfrontieren. Unabhängige Menschen wollen nicht den gleichen Weg gehen wie alle anderen. Sie wollen sich abgrenzen, indem sie arbeiten zu ihre Träume Und Ziele. Oftmals, weil die Ziele und Träume nicht geleitet werden für Furcht von Sein wahrgenommen als Sein Abhängig und schwach werden diese Ziele und Träume unerreichbar, oder sie müssen unnötiges Leid ertragen, bevor sie die erstrebenswerten Ziele und Träume erreichen.

Entwickeln Gewohnheiten

DIEJENIGEN, DIE SEHR unabhängig sind, wissen, dass die Dinge, die sie tun, zu einer Gewohnheit werden, die ihre Vertrauen. Das Ist Merkmal von diejenigen, die haben A Großartig Hintergrund mit Eltern die in ihrer Erziehung Disziplin und Lehren vermitteln. Sie entwickeln ständig neue Gewohnheiten, weil sie wissen, dass diese ihnen Selbstvertrauen geben. Ebenso gibt es Menschen, die Gewohnheiten entwickeln, die zu ihrem Untergang führen, weil sie bei der Entwicklung dieser Gewohnheiten nicht angeleitet wurden. Das liegt an der Eile, unabhängig zu werden, nur um es zu sein.

Aufgeschlossenheit

MANCHE VON DIE UNABHÄNGIG Menschen Sicht dem Leben mit einem offenen Geist begegnen , weil sie erkennen, dass In Leben Änderungen Und Unterschiede Sind unvermeidlich.

Der Aufgeschlossenheit Zu diese Veränderungen und Unterschiede helfen ihnen, zu wachsen und voranzukommen. Offenheit entsteht durch die Aufnahme der Perspektiven und Möglichkeiten anderer Menschen. Doch wer in seinem Streben nach Unabhängigkeit rebellisch ist, ist eher verschlossen gegenüber neuen Perspektiven. Die Herausforderung Ist Das Wann solch Ist vertraglich vereinbart unter rebellischen Atmosphäre, Die erfunden Köpfe sind unklug und führen daher zu unerwünschten Folgen. Wann ein unabhängig Person Er/sie entscheidet sich, lässt sich nicht leicht beeinflussen. Er/sie hört sich die Ideen und Meinungen anderer an, bleibt aber ohne zu zögern bei seiner/ihrer Entscheidung. Der Grund dafür, dass er/sie nicht leicht dem Beratung Ist Weil solch Menschen wollen Zu fühle mich stark. Einmal ein unabhängig Person hat hat sich entschieden, es ist schwer, jemanden davon zu überzeugen, sich zu ändern Es. Ihre Überzeugungen, Werte, Und Wünsche sind die nur Dinge Sie halten Wann Herstellung Entscheidungen. Sie glauben an sich selbst und vertrauen darauf, dass ihr Instinkt immer richtig ist.

Trennung

FÜR MANCHE VON DIE unabhängig Personen, den Kontakt zu ihrer Familie und einigen Freunden abbrechen ist für sie eine Möglichkeit auszudrücken, dass sie als unabhängige Personen auf sich allein gestellt sind und ihr Schicksal selbst in der Hand haben. Sehr zum Leidwesen ihrer Angehörigen verbringen unabhängige Menschen manchmal Tage/Wochen/Monate und sogar Jahre ohne reden Zu beliebig von ihre geliebt diejenigen.

Konstante Kommunikation Ist nicht etwas Sie wünschen sich in ihrem Leben. Es ist ihnen egal, was mit ihren Lieben passiert. Selbst wenn sie später anrufen, wirken sie abwesend, ohne ein Zeichen von Verbundenheit zu zeigen. Kommunikation, die in jeder Beziehung oder Verbundenheit von zentraler Bedeutung ist, wird in den Augen solcher unabhängigen Personen sehr unbedeutend.

Selbstmotiviert

VIELE UNABHÄNGIGE PERSONEN warten nicht darauf, dass ihnen gesagt wird, was sie tun sollen, bevor sie mit dem beginnen, was nötig ist Zu Sei Erledigt. Wann Sie sehen irgendetwas das braucht Zu Sei Erledigt, Sie erhalten gestartet. Für Die ernst diejenigen WHO bauen solch Gut Gewohnheiten, Es hilft ihnen, erfolgreich zu sein, weil sie fokussiert sind. Der Grund, warum sie nicht gebeten werden müssen, etwas zu tun, ist, dass sie aufmerksam sind von ihre Umgebung, Und Es porträtiert sie als Sein In Kontrolle von ihre eigen Entscheidungen. Sie legen keinen Wert darauf, einen Rat einzuholen, um eine bessere und solidere Grundlage für ein wünschenswerteres Ergebnis zu finden .

Die Fallstricke/Nebenwirkungen der Unabhängigkeit

OBWOHL DIE UNABHÄNGIGKEIT einige Vorteile mit sich bringt, gibt es auch einige Fallstricke und negative Auswirkungen An Sein unabhängig Das brauchen einige Erkundungen.

Stress - **Stress** Ist Wie Wir reagieren Wann Wir

sich unter Druck gesetzt oder bedroht fühlen. Es passiert normalerweise Wann Wir Sind In A Situation Das Wir nicht fühlen Wir dürfen verwalten oder Kontrolle. Es Ist WAHR dass jeder dürfen Sei betont, Aber Die Unterschied ist, dass, wenn Sie in der Umgebung arbeiten, in der Sie nicht allein sind, Sie eine gewisse Lastenteilung erfahren können, die einen großen Beitrag zur Lösung von Die Stress. Wann Dort Ist NEIN eins Zu Wenn man eine solche Last teilt, sind die Auswirkungen verheerend. Stress ist ein Zeichen dafür, dass man nicht in der Lage ist, damit umzugehen.

Einsamkeit – Unabhängig Menschen Mai nicht zugeben Es, Aber Einsamkeit Ist A wesentlich Merkmal. Auf ihrer Suche nach Unabhängigkeit werden sie immer allein gelassen

Depression – Depression ist ein Gefühl, das nicht definierbar Weil Es Angebote mit Stimmungen die Emotionen beeinflussen. Es ist besser beschreibbar durch diejenigen, die diese Erfahrung durchmachen. Es ist ein Gefühl von Sein unsicher von Was eins Bedürfnisse während bei Die Dasselbe Zeit Wissen Was eins Bedürfnisse. Es ist ein Gefühl von Unerreichbarkeit. Ein unbekannt Person beschreibt es so:

> *Angstzustände und Depressionen sind, als ob man gleichzeitig Angst hätte und müde wäre. Man hat Angst vor dem Versagen, aber keinen Drang, produktiv zu sein. Es ist wollen Freunde Aber hasst es, Kontakte zu knüpfen. Es ist der Wunsch, allein zu sein, aber nicht wollen Zu Sei einsam. Es ist fürsorglich über alles, Dann fürsorglich um Nichts. Es ist, als würde man alles auf einmal fühlen und sich dann lähmend taub fühlen.* – Unbekannt.

Das Ist Die Situation mit Die eins WHO exhumiert die Gefühl von Unabhängigkeit. Es Ist A tief Gefühlsempfinden, das von der Person, die diese Erfahrung macht, nicht leicht akzeptiert werden kann. Es kommt mit dem Gefühl der Verleugnung der Realität aufgrund falscher Selbstbestätigung. Während Die Körper will überleben, der Geist will gleichzeitig sterben. Es ist, als ob man eine sehr schwere Last auf sich spürt, Aber Auch Finden Komfort unter Das Gewicht, weil aus irgendeinem Grund dieses Gefühl falscher oder Pseudo-Sicherheit besteht, alles in dem Wunsch, zu zeigen Unabhängigkeit. Wann Das Depression ist nicht behandelt sehr Also Und ausgeteilt mit, Es dürfen Raum geben für selbstmörderisch Gedanken Zu kriechen In, Und Durch die völlige Isolation könnte Selbstmord zur Realität werden.

Angst und Sorge – Dies ist ein weiterer Aspekt von Depression. Der Gefühl von Tragen Die Die Belastung einer einzigen Person mit der ganzen Welt führt zu verstärkten Angst- und Sorgegefühlen. Dieses Gefühl entsteht durch das Gefühl, allein zu sein. Es ist das Gefühl, als ob alles um einen herum zusammenbricht. Dieses Gefühl entsteht durch das Gefühl fehlender Unterstützung.

Gier – Manche unabhängig Menschen Tun nicht fühle ein Sinn von Verantwortung Zu irgendjemand, Und daher halten alles Zu selbst eher als mit freier Hand zu leben. Sie erwerben immer mehr, aber nur für sich selbst. Es spielt keine Rolle, was die anderen Menschen um sie herum fühlen.

Misstrauen – Der Furcht von Sein kontrolliert führt

Misstrauen. Im Allgemeinen ist das Gefühl, nicht vertrauen zu können ein anderer Person Ist sehr vorherrschend In Die Leben einer unabhängigen Person, daher der Wunsch Zu bleiben weg aus andere Menschen. Das Ist auch ein Gefühl des Zweifels gegenüber einer Person. Es kann sogar eskalieren Zu Die Punkt von angesichts jede andere Person als unehrlich.

Angst vor der Kommunikation – Angst vor dem Zuhören – Eins von Die wesentlich Elemente von menschlich Existenz ist Kommunikation welche buchstäblich bedeutet Interaktion mit eins ein anderer. Der chronisch Eine unabhängige Person hat Angst vor der Kunst der Kommunikation, weil sie befürchtet, durch die Diskussion beeinflusst zu werden .

Furcht von Gehorsam – Für Die chronisch unabhängig Person, Gehorsam dürfen Sei A Zeichen von Schwäche oder Unterwerfung unter eine höhere Autorität, die Sei ausgelegt als Entbehrung von jemandes eigene Freiheit oder Unabhängigkeit. Die Weigerung, zu gehorchen, könnte dann als Illoyalität angesehen werden.

Kapitel 3 - Interdependenz

Definition Und Beschreibung

Auf meiner Suche nach Alternativen oder ergänzenden Faktoren zur Unabhängigkeit habe ich „Abhängigkeit" und „Interdependenz" in Betracht gezogen. Abhängigkeit bringt Herausforderungen mit sich, die Menschen und Nationen dazu bringen, vor ihr davonzulaufen. Dann habe ich mich weiter mit dem Thema „Interdependenz" beschäftigt. Hier fand ich in meiner Forschung eine Alternative zur „Unabhängigkeit", allerdings nicht auf Kosten von Unabhängigkeit und Abhängigkeit. Es gibt immer noch eine Ebene der Verbundenheit, die das Konzept der Interdependenz anspricht. Das ist die wahre Bedeutung von Abhängigkeit und Interdependenz.

Der Präfix 'inter', In Die Verbindung Wort „Interdependenz" bedeutet *zwischen, innerhalb, unter, zusammen, In Die Mitte von,* Sei abhängig von, *gegenseitig, erwidert oder aktiv während eines Ereignisses.* Etymologische Studie von Die Wort 'Interdependenz' zeigt, dass es sich um einen zusammengesetzten Begriff aus zwei lateinisch Wörter: „Inter" Und ' *dependere* .' Es ist einfach bedeutet Abhängigkeit unter oder zwischen zwei unabhängigen Dingen. Die Abhängigkeit voneinander oder voneinander ist gegenseitiges Vertrauen und wechselseitig. Es Ist A symbiotisch Beziehung zwischen zwei oder mehr unabhängigen Dingen oder Menschen Wesen solch Das eins Ist unvollständig ohne das andere nicht in Bezug auf die physische Erscheinung, sondern in Bezug auf das Bewusstsein.

Interdependenz bedeutet gegenseitige Abhängigkeit, oder einfach Sein abhängig An jede andere (Woolf, 2002). Zwei Menschen In A gesund Beziehungen werden als voneinander abhängig bezeichnet. Im Gegensatz zum Alleinsein ist es eine freiwillige Anerkennung, dass „kein Mensch eine Insel ist" und dass wir zusammenleben müssen Die Raum In welche Wir live. Es Ist Es ist erwähnenswert, dass diejenigen, die voneinander abhängig sind, selbst unabhängig sein müssen, das heißt, in der Lage sein müssen, auf eigenen Beinen zu stehen. Wenn einer Ist nicht fähig Zu Stand allein, Dann Dort Herausforderungen mit einer solchen gegenseitigen Abhängigkeit, und tatsächlich ist sie nicht mehr gegenseitig. In andere Wörter, diese WHO gegenseitig abhängen voneinander abhängig können sich bis zu einem gewissen Grad erhalten, bevor sie zusätzliche Unterstützung für Vollständigkeit finden. Darin liegt die Verflechtung von Unabhängigkeit und Abhängigkeit. Der wichtigste Punkt, den es zu verstehen gilt, ist laut Kim (2006), dass „diese Debatte sowohl Unabhängigkeit als auch Interdependenz als alternative Endpunkte der Reife positioniert... Unabhängigkeit und Interdependenz sind Gegensätze – entweder die beiden Enden von A Kontinuum, oder anders gegenseitig exklusive Kategorien" (Kim 2006:146).

Interdependenz ist kollektive Denkarbeit, die immer besser ist als die Arbeit einzelner. Deshalb Wir brauchen Interdependenz. Es konnotiert Das Konzept von **Zusammenarbeit** . Zusammenarbeit identifiziert Und erkennt Die Stärken von Die Person und berücksichtigt das Wissen und die Erkenntnisse anderer. Zusammenarbeit ist der Schlüssel zur Erzielung globaler Auswirkungen aller unserer Ziele .

Interdependenz bedeutet Zusammenarbeit mit einem gemeinsamen Ziel. Jede Organisation hat Klarheit über ihre eigene, einzigartige Rolle und Die Rollen von andere, als Also als A ganzheitliche Verständnis dafür, wie sie interagieren, um Zusammenhalt zu schaffen über Organisationen. Es Ist Leben innerhalb ein Netzwerk aus Kontakten und gegenseitiger Unterstützung.

Interdependenz ist mit der Verantwortung für sich selbst und andere verbunden. **Stewardship** bedeutet, Verantwortung für die Gestaltung von Arbeitsbeziehungen mit andere Zu verwandeln Wohlbefinden über A Region, zusammen. Es Ist Die üben von Förderung von Ausrichtung, Inklusivität, Führung durch die Bewohner und Wissensaustausch, gekennzeichnet durch ein Engagement für die regionalen Bemühungen über die eigenen Interessen hinaus Interessen. Dort Ist Die fahren Zu tragen andere Menschen entlang welche Ist A Sinn für Inklusivität.

Der Teambegriff **steht** im Widerspruch zu Unabhängigkeit und Abhängigkeit, findet aber einen passenden Platz In Interdependenz. Team fördert Zusammenarbeit aller und von allen. ***„Von allen“*** , weil alle Sind Die Dasselbe In anders Wege Und jede hat einen einzigartigen Beitrag in einer kollaborativen Atmosphäre. ***'Von allen'***, weil alle integrative Teil von Die ganz, Und alle haben Die einzigartig Beitrag zum Gemeinwohl.

Integration ist ein weiterer Aspekt der Interdependenz welche dauert alle Zu Sei integriert hinein einander. Der unabhängig Ist integriert hinein die anderen als Wenn Es Ist abhängig, Aber Es Ist Interdependenz .

Akkommodation als Konzept der Interdependenz, betont Die Tatsache Das jeder wird untergebracht. Keine Kategorisierung, keine Diskriminierung, Und NEIN Ausschluss. Akzeptanz und Akzeptanz sind Kernbestandteile der Interdependenz .

Empowerment ist ein Aspekt der Interdependenz, da es den Beitrag anderer anerkennt und diese Anerkennung andere dazu befähigt, einen Beitrag zu leisten, weil sie geschätzt werden. Das Ist Wie Interdependenz bezieht sich zur Ermächtigung. Die Anerkennung der Einzigartigkeit des unabhängigen Individuums ermöglicht die Teilnahme Und Beitrag. Interdependenz bedeutet Ermächtigung. Ermächtigung bedeutet:

- NEIN eins Ist eine Insel
- Alle hat etwas beitragen
- NEIN eins ist nutzlos
- Alle Ist unvollständig ohne Die andere Person(en).

Das Konzept der **Ganzheit** und **Vollständigkeit** steht im Einklang mit dem Konzept der Interdependenz .

Der Konzept von Interdependenz bringt aus Die

versteckt Tugend wohnen in jedem.

Einer der Hauptzwecke des Lebens und Ihrer Existenz ist es, einen Einfluss auf eine andere Person zu haben oder An Personen, somit Versagen Zu Tun Das Ist leben A weniger wirkungsvoll Leben Und Zu Mangel **Erfüllung** . Ihre Leben Und meins Sind unvollständig Und Mangel Erfüllung ohne Die Bestandteil In Du oder Mich. Der Geschmack eines großartigen Abendessens liegt in der Mischung verschiedener Gewürze, Also Auch Ist Die Sinnhaftigkeit des Lebens. Versuchen Sie, ein einziges Gewürz für eine Mahlzeit zu verwenden, und Sie werden feststellen, wie fade es ist. Die Schönheit eines Kleides liegt in der Vielfalt und Anordnung der verschiedenen Farben.

Es gibt etwas Einzigartiges an Ihnen und anderen Person, Und Die **Einzigartigkeit** In Mich verliert seine Einzigartigkeit ohne die Einzigartigkeit in Ihnen.

Interdependenz bringt aus Die Konzept von **eine kleine Welt** oder das **globale Dorf,** weil niemand dürfen bestimmen WHO trägt Was Ist benötigt, um vollständig Die andere Person(en). Der Konzept der gegenseitigen Abhängigkeit geht darüber hinaus Wettrennen, Farbe, Alter, Religionszugehörigkeit, Ehe. Dieses Konzept der Interdependenz ist **klassenlos** .

Es ist kein **Kommunismus** . Es ist keine Ideologie. Interdependenz erweitert Die Konzept von

Verbundenheit und Vernetzung . Tatsächlich gibt es ohne gegenseitige Abhängigkeit dürfen Sei NEIN Vernetzung Weil wenn ich Tun nicht fühlen Das ICH brauchen irgendetwas aus Du, ICH wird nicht die Notwendigkeit sehen, verbunden zu sein. Allerdings Es beginnt aus Die Konzept von Die Denkweise

Das Wir Sind alle menschlich Wesen Und Das Wir brauchen einander. Phänomenologisch gesehen gibt mir das, was mir die Erkenntnis gibt, dass ich ein Mensch bin, die Selbstbewusstsein Das Dort Sind andere wie Menschen, die sich so verhalten wie ich, so aussehen wie ich, so handeln wie ich und ähnliche Eigenschaften aufweisen.

Als A Gegenstand von Tatsache, Interdependenz bringt das Konzept der **Verwandtschaft** , nicht der „Beziehung", wie wir sie kennen. In einer Beziehung kann man täuschen ein anderer; In Verwandtschaft, eins würde fühlen Das eins Ist täuschend sich Weil man wird sich des vollen Nutzens dessen berauben, was gibt eins A erfüllt Leben Und Die Vollständigkeit, die man braucht.

Der Konzept von **Hass** würde Sei A weit weinen als niemand würde Liebe Zu hassen sich. Verwandtschaft ist mehr als **Bekanntschaft oder Freundschaft,** denn man könnte sich entscheiden, keinen Beitrag zur Beziehung zu leisten, insbesondere, da viele Menschen aus unterschiedlichen Gründen eine Beziehung eingehen .

Verwandtschaft ist nicht **Gemeinschaft.** Es ist eine Vereinbarung Zu gehen In Die Dasselbe Richtung kollaborativ und kooperativ.

Interdependenz Kräfte **Teilnahme** weil nein Idee Ist unsinnig. Einer Idee Ist sachdienlich und relevant für jede Diskussion.

Interdependenz bringt die **Menschlichkeit** in uns zum Vorschein, ist aber kein **Humanismus.**

Interdependenz definiert gleich Und Dasselbe Ebene

Spielfeld. Es widerspricht dem Konzept der Bevorzugung und Günstlingswirtschaft.

Interdependenz Ist **Aufklärung** . Es Ist **Emanzipation von Bevormundung** , von **Unterordnung** , von **unterwürfiger** Stellung, von **Egozentrik** .

Interdependenz Ist **Freiheit von Unmenschlichkeit.**

Interdependenz Ist Die Gegenmittel Zu **Rassismus** Und

Klassismus .

INTERDEPENDENZ IST **Zugehörigkeit.** Jeder gehört jedem und trägt so zu einer gemeinsamen und gewaltigen Kraft bei.

Interdependenz gedeiht unter **gegenseitig Gefühl** .

Interdependenz Ist **einnehmend/Engagement.**

Interdependenz Ist **Interaktion.**

Interdependenz trotzt **Überlegenheits- und** Minderwertigkeitskomplexen.

schuldlosen Gesellschaft gedeiht gegenseitige Abhängigkeit .

Interdependenz Ist grundlegend An **Vertrauen** Und

Zuverlässigkeit Und Zuverlässigkeit .

EIGENSCHAFTEN VON INTERDEPENDENZ

Dort Sind bestimmt Attribute Das durchdringen die Definition oder Beschreibung von Die Wort ' interde -

Abhängigkeit " und validieren Sie die Terminologie, wie etwa: Mutualismus, Team, Allianz und Korrelation, um nur einige zu nennen.

Laut *Merriam-Webster-Wörterbuch* ist **Mutualismus** War definiert als "gegenseitig vorteilhafte Verbindung zwischen verschiedenen Arten von Organismen". Mutualismus ist ein Schlüsselelement in der gegenseitigen Abhängigkeit Konzept Analyse Weil Es Highlights Die Bedeutung Das zwei oder mehr verschiedene Organismen/Entitäten gleichermaßen Nutzen aus ihre Beziehung. Der *Merriam-Webster Wörterbuch* definiert **Team** als „eine Gruppe von Menschen, die zusammenarbeiten" Und "markiert von **Hingabe** Zu Teamarbeit statt individueller Leistung". Die Mitgliedschaft in einem Team ist für das Konzept von wesentlicher Bedeutung Interdependenz Weil Es betont wie wichtig es ist, zusammenzuarbeiten, um ein gemeinsames Ziel zu erreichen.

Das *Merriam-Webster-Wörterbuch* definiert Allianz als „eine Beziehung, in der Menschen sich darauf einigen, zusammenzuarbeiten". Das Attribut **Allianz** ist ein wichtiger Aspekt des Konzepts der Interdependenz, da es die Notwendigkeit einer gemeinsamen Vereinbarung zur Verwirklichung von A Aufgabe. **Korrelation** Ist definiert von Die *Merriam-Webster Wörterbuch* als "A Beziehung „Es gibt zwischen Phänomenen oder Dingen oder zwischen mathematischen oder statistischen Variablen, die dazu neigen, zu variieren, miteinander verbunden zu sein oder auf eine Weise zusammen aufzutreten, die allein aufgrund des Zufalls nicht zu erwarten ist." Wenn nicht basierend An Chance, Dann Es Ist bezogen auf gegenseitig Vereinbarung. Korrelation Ist ein Vermögenswert zum Konzept der Interdependenz aufgrund der Beziehung Und Verwandtschaft Das existieren zwischen zwei Elementen, die übereinstimmend erscheinen.

Der Attribute von Interdependenz: **Gegenseitigkeit, Team, Allianz** und **Korrelation** helfen, die Notwendigkeit einer gegenseitigen Beziehung auszudrücken, um effizient erreichen A Aufgabe zusammen. Diese Attribute machen das Konzept der Interdependenz gültig .

Wo Interdependenz besteht, sind alle diese Eigenschaften muss Sei gegenwärtig. Diese Attribute Sind sie betteten In Zusammenarbeit welche Ist A Ein dringend benötigtes Attribut in jedem Modell. Nehmen wir zum Beispiel das Gesundheitswesen. Dieses Modell zeigt, wie wichtig die Zusammenarbeit in der *Pflege* ist. Alle Attribute der gegenseitigen Abhängigkeit werden in dieser Situation in Bezug auf die Mitglieder des Gesundheitsteams dargestellt. Ein Zweig kann ohne die anderen nicht vollständig arbeiten. Der geduldig kommt darauf an An Die Krankenschwestern Zu kümmern sich um sie, die Krankenschwestern sind auf die Ärzte angewiesen, um Diagnosen zu erstellen und Verordnungen zu schreiben, und die Leistungserbringer sind auf die Mitglieder der Pflege Team Zu sehen Das ihre Bestellungen Sind abgeschlossen. Eine gute Zusammenarbeit zwischen Pflege- und medizinischem Personal ist wichtig, um die Patientensicherheit zu verbessern, medizinische Fehler zu vermeiden und die Patientenergebnisse sowie das Wohlbefinden des Personals zu gewährleisten. Alle Mitglieder eines Gesundheitsteams sind voneinander abhängig und pflegen wechselseitige Beziehungen. Interdependenz führt zu einem hervorragenden Ergebnis welche Ist wünschenswert für alle, In Das Fall, Die

Der Patient wird gesund und munter. Dies ist das Ergebnis einer voneinander abhängigen Gesellschaft; es geht ihr gut und sie ist gesund.

Vorgeschichte Und Konsequenzen

ES GIBT BESTIMMTE ELEMENTE, die vorhanden sein müssen, um die Eigenschaften der Interdependenz zu bewirken. Diese Elemente helfen, die Eigenschaften der Interdependenz zu verfeinern, und ohne sie kann es keine Interdependenz geben. Walker und Avant (1994) beschreiben sie als Antezedenzien, d. h. „Ereignisse oder Vorkommnisse, die eintreten müssen oder Sei In Ort vor Zu Die Auftreten von Die Konzept " (S. 167). Bei der Behandlung des Konzepts der Interdependenz sind Risikobereitschaft (Glaube/Vertrauen), Akzeptanz, Charakter und Umstände einige der Voraussetzungen.

Risikobereitschaft wird auch als Glaube bezeichnet . Glaube wird definiert als „starker Glaube oder Vertrauen in jemanden oder etwas" (Walker und Avant, 1994, S. 18). Glaube Ist gezeigt als eins von Die am wichtigsten Aspekte von Interdependenz weil der Glaube Und Vertrauen In andere Sind Schlüssel für Beziehungen zu und Abhängigkeit von anderen Personen.

Annahme von eins ein anderer Und Das Verständnis , dass Systeme zusammenarbeiten müssen, wird vermittelt als ein anderer essentiell Vorgänger von Interdependenz. *Merriam-Webster* Dictionary definiert Akzeptanz als „zustimmend entweder ausdrücklich oder durch Verhalten Zu Die Akt oder Angebot von ein anderer," welche ist der Schlüssel bei der Zusammenarbeit mit anderen.

Der nächste Vorläufer der Interdependenz wird als **Charakter bezeichnet** . Charakter zeigt sich in Bezug auf die Eigenschaften, die das Denken oder Fühlen einer Person ausmachen. Der Charakter spiegelt auch die Moral und die Glaubenssysteme einer Person wider. „Interdependenz stimuliert und fordert den Einzelnen Meinung, Anleitungen Und erweitert Initiative, Und Forderungen Person Verantwortung und Verantwortlichkeit, Eigenschaften, die stark mit Professional ... Autonomie," welche bezieht sich auf den Charakter und den Glauben an sich selbst. (Walker und Avant, 1994, S. 20).

Teamarbeit wird als unerlässlich für Systeme vermittelt, die auf Vertrauen und gegenseitiger Abhängigkeit basieren. Annahme von Die Mitglieder Charakter und Kompetenz. Arbeiten zusammen erfordert eins die Grundlage der Überzeugungen der anderen Mitglieder zu kennen, Das Sie dürfen Vertrauen ihnen Zu machen Klang und kompetente Entscheidungen.

Der letzte Vorläufer der Interdependenz not- ed In Konzept Analyse Ist **Umstand** , oder **ein Ereignis** oder **eine Situation** . Als Grundlage ist ein Setting erforderlich für Die brauchen von kollaborativ Pflege. Einzelne Einheiten müssen ein gemeinsames Ziel haben, um eng zusammenzuarbeiten.

Konsequenzen hingegen werden von Walker und Avant (1994) als „Ereignisse oder Vorfälle, die als Folge der Auftreten von Die Konzept - In andere Worte, die Ergebnisse von Die Konzept" (P. 167). Mehrere Konsequenzen der Interdependenz werden identifiziert In Das Konzept Analyse. Diese war ackenntnisreich als **weniger Risiko** , **Wissen** , Und

Transformation .

INTERDEPENDENZ KANN **Veränderungen bewirken** , die aus einer gemeinsamen Zukunftsvision entstehen. So kommen beispielsweise mehrere Teile eines Pflegeteams zusammen, um ein Ganzes zu bilden und Veränderungen im Gesundheitswesen und zum Wohle des Patienten zu bewirken. Es heißt, dass „positive Beziehungen zwischen Pflegekräften und Ärzten solche sind, in denen Pflegekräfte stets professionelles Urteilsvermögen einsetzen können, was sich positiv auf die Qualität und die Ergebnisse der Patientenversorgung auswirkt" (Walker und Avant, S. 28). A Team sollte sich entwickeln ein Gleichgewicht Wann Arbeiten zusammen.

Interdependenz dürfen Sei definiert als Die Beziehung zwischen zwei oder mehr Parteien Das abhängen auf jedem andere für Überleben. Jeder Teil Bedürfnisse Zu beitragen etwas Zu Die andere Party Zu überleben. Es geht nicht um das Überleben des Stärkeren.

Bei Interdependenz sind mehrere Parteien beteiligt. Eine Partei verfügt über Ressourcen, die die andere Partei zur Deckung ihres Bedarfs benötigt. Der Transfer erfolgt in beide Richtungen. Beide Parteien müssen ihren Bedarf decken und können sich gegenseitig dabei unterstützen.

Das Abhängigkeitsverhältnis findet sich fast überall Weil Wir brauchen andere Menschen, um zu überleben. Die Beziehung kann gefunden werden mit:

Menschen – Menschen abhängen An andere Menschen Zu

erwerben Die relevant Ressourcen Zu Um zu überleben, kann dies so einfach sein wie der Verkauf der Kartoffeln durch einen Bauern an einen Kunden.

Regionen – Anders Regionen In A Land abhängig von jede andere für Ressourcen. Für Beispiel, In einem Gebiet können Felder vorhanden sein, auf denen Nahrungsmittel angebaut und geerntet werden können, und die andere Region kauft die Nahrungsmittel von der ersten Region.

Nationen – Verschiedene Nationen sind voneinander abhängig für Ressourcen Das Sind nicht im eigenen Land verfügbar. China könnte Computerteile herstellen, die in Amerika zum Bau eines Computers benötigt werden.

Unternehmen – Unternehmen brauchen einander, um Geld Und Zu erhalten Ressourcen. A Das Unternehmen könnte sich bei der Versorgung mit den Rohstoffen zur Herstellung seines Produkts auf ein anderes Unternehmen verlassen.

Dies sind nur einige der voneinander abhängigen Beziehungen Das dürfen Sei gefunden. Interdependenz ist in allen Bereichen der Gesellschaft zu finden.

Die Art der Beziehung bestimmt den Grad der gegenseitigen Abhängigkeit. Wenn die Abhängigkeit Ist hoch Und Die Einparteien verschwinden, die andere Partei wird wahrscheinlich ebenfalls verschwinden. Kunden- und Lieferantenbeziehungen sind eine Form der gegenseitigen Abhängigkeit. A Der Kunde ist auf die Lieferung von Rohstoffen durch den Lieferanten angewiesen, und der Lieferant ist auf die Bezahlung dieser Rohstoffe durch den Kunden angewiesen. Der Kunde wird die Rohstoffe verwenden, um Herstellung ihre Produkt. Der Anbieter Wille

Nutzen Sie das Geld, um weitere Rohstoffe zu kaufen .

Unternehmen können in einer gegenseitigen Abhängigkeit mit Finanzinstituten stehen, wenn sie Geld von Finanzinstituten leihen müssen, um sich für das Wachstum ihres Unternehmens zu qualifizieren. Und Wo Die finanziell Institution muss Geld verleihen, um finanziell profitabel zu sein.

Wirtschaftliche Interdependenz liegt vor, wenn sich eine Partei auf die Erfüllung eines Waren- oder Dienstleistungsauftrags spezialisiert. Und Die Parteien brauchen Zu Handel mit einander, um die Anforderungen des anderen zu erfüllen.

Interdependenz Ist Auch sehr entscheidend Zu Die Produktivität an jedem Arbeitsplatz. Es entmystifiziert und entschärft **den Wettbewerb** am Arbeitsplatz, da sich alle auf das wünschenswerte und akzeptable Endprodukt konzentrieren, das die Handschrift aller trägt. Interdependenz drückt einen komplementären Geist aus und zeigt ihn, der Teamarbeit ankündigt und einen stärkeren Geist der Zusammenarbeit und Beteiligung fördert. Interdependenz Ist farblos In Bedingungen von Wettrennen, Geschlecht, Rasse, Klasse usw., weil der intellektuelle Beitrag zu einem Produkt und dessen Design farblos ist. Alle Vorurteile werden beiseite gelegt, weil der Fokus auf dem Endprodukt liegt, und wenn es Ihre Unterschrift trägt, möchten Sie zu haben der beste von Es.

Eine Allegorie eines Blumenstraußes ist ein kritisches Beispiel dafür: Ein Blumenstrauß gilt als schön wegen der vielen Blumen und Die mehrere Farben. Zusammen, alle Die Farben

Glanz als ausgesetzt. Der Schwerpunkt von Die einzigartige Farbe Ist ausgesprochen. Der weniger Die Strauß wird, desto weniger werden die einzigartigen Farben ausgeprägt, desto weniger sichtbar, weniger auffällig und weniger anerkannt Die einzigartig Farben werden, und letztlich Die weniger respektiert diese Farben werden. Der Dasselbe Ist anwendbar Zu menschlich Wesen. Unsere individuelle Einzigartigkeit wird hervorgehoben, wenn Wir Sind zusammen als Wann Wir Sind getrennt. Wir fallen weniger auf, wenn wir allein sind, als wenn wir uns inmitten anderer befinden , besonders, anders Farben. Erinnern dass die Blumen, die den schönen Strauß bildeten, alle miteinander in *Beziehung stehen* . Beachten Sie, dass die Verwandtschaftsübereinstimmung Ist In Die Tatsache Das Sie Sind alle Blumen außer Das ihre Farben Sind anders. Der dasselbe ist anwendbar Zu Menschen Wann Sie zustimmen Zu an einem Ort. Die verschiedenen Farben sind zusammen ausgeprägter und schöner als getrennt, Und eins von eins. Es Ist stets mehr Es ist schöner, zusammen zu sein und zu leben als getrennt.

Kapitel 4 - INTERAKTION ZWISCHEN ABHÄNGIGKEIT, UNABHÄNGIGKEIT UND INTERNE ABHÄNGIGKEIT

Unabhängigkeit und Freiheit

In gewisser Weise ist Unabhängigkeit wie Freiheit. Man strebt nach Unabhängigkeit von anderen Menschen oder Dinge, weil man sich gefangen fühlt. Das Streben nach Unabhängigkeit ist daher wie das Streben nach Freiheit von dem, was man als Knechtschaft gegenüber jemandem empfindet. Aber wir haben schon oft gehört, dass Freiheit nicht ganz frei ist, also wie kann Unabhängigkeit Sei Freiheit aus Knechtschaft? Freiheit hat ihren Preis und erfordert Opfer. Der Preis für die Freiheit ist das Privileg, autark zu werden, und im wahrsten Sinne des Wortes Menschen sind nicht autark, weil wir nicht so konzipiert sind. Es gibt niemanden, der sich selbst versorgen kann. Man ist auf andere angewiesen, selbst wenn man dafür bezahlen muss. Nehmen wir ein Land, das mit großem Jubel seine Unabhängigkeit erlangt oder verkündet. Gibt es einen Zeitpunkt, an dem dieses Land völlig unabhängig ist? frei? Dort Ist kaum beliebig Zeit. Das Land ist weiterhin auf dic Unterstützung des Landes angewiesen, von dem es die Unabhängigkeit anstrebte. Abgesehen davon gibt es keine wahre Freiheit oder Unabhängigkeit aus Die ausruhen von Die Welt. Wenn

Dort Ist Handel und Austausch, weil es keine Möglichkeit gibt, messen Die wirtschaftlich Nachhaltigkeit von ein solches Land. Wenn ein ganzes Land nicht vollständig frei, Dort Ist Die brauchen Zu erheben Die Frage der Unabhängigkeit, die von den Menschen, insbesondere den jungen Menschen, angestrebt wird. Wenn A Land Ist vollständig links allein Zu Wenn ein Land nach der Unabhängigkeit für sich selbst sorgen muss, ist dies gleichbedeutend mit Mord, da ein solches Land Chaos, inneren Krisen, politischer und wirtschaftlicher Instabilität ausgesetzt wäre und die Bedingungen schlechter wären als vor der Kolonisierung oder Gefangenschaft. Aus diesem Grund gibt es bilaterale Beziehungen mit andere Nationen Und Internationales Handel. Ein Grund für solch Beziehungen Ist Die Tatsache Das NEIN Ein Land hat alles, was es braucht, um nachhaltig zu sein, daher Dort Sind Börsen zwischen Länder, um ihre Nachhaltigkeit sicherzustellen. Diese gegenseitige Abhängigkeit für Nachhaltigkeit ist der Grund, warum Interdependenz die Norm sein sollte. Damit Die Fortsetzung voneinander abhängig Existenz ist die richtige Art zu existieren.

Die Interdependenzbeziehung ergänzt die Schwächen eines Landes mit den Stärken eines anderen. Wie bereits erwähnt, ist kein Land für alle Bereiche ausreichend. Daher erhält das andere Land, wo es stärker ist als das andere, die notwendige Unterstützung für die schwächeren Bereiche. Es ist riskanter, sich auf ein Land zu verlassen als auf mehrere Länder. Und An eins ein anderer. Wann A Land bezieht sich nur auf ein anderes Land, besteht das Risiko von verlieren Unterstützung aus andere, Aber Es Ist nicht

Es ist nicht möglich, dass ein Land alles hat. Es ist besser, sich auf mehrere Länder zu verlassen, da ein Konglomerat von Ländern wahrscheinlich zuverlässiger ist, wenn es darum geht, alles zu erwerben, was ein Land hat. Wille brauchen. Es Ist nicht möglich für eins Land zu treffen Die sozioökonomisch Und Infrastrukturbedarf von ein anderer Land, Aber Es Ist möglich mit mehreren Ländern, indem ich hier und da etwas zusammentrage.

Unabhängigkeit Und Jünger Generation

DER JÜNGER GENERATION Ist Also verbraucht von Das Konzept von Unabhängigkeit Das Sie vergessen über die Reife Und Bereitschaft für A Leben von Unabhängigkeit. Eins WHO Ist nicht gereift genug Zu aufrechterhalten sich kann nicht Sei unabhängig Weil Unabhängigkeit bedeutet Freiheit von allem. Stellen Sie sich vor, Sie stützen sich auf etwas, das nicht stabil und fest ist. So fühlt es sich an, auf sich selbst angewiesen zu sein, besonders wenn man nicht reif genug ist, um sich selbst zu versorgen. Ein Teenager ist nicht reif genug, um nachhaltig zu leben. Der Gefühl von Die Teenager Ist dass er/sie Ist gereift Weil Das Ist Was Die Gesellschaft macht ihm/ihr fühlen. Es nur *scheint* wie, aber es ist nicht real. Unabhängig zu sein bedeutet, unabhängig zu sein In alle Dinge, nicht In manche Dinge; daher die Bedeutung von Interdependenz eher als Unabhängigkeit. Unabhängigkeit Ist nicht wirklich unabhängig, genauso wie Freiheit keine Freiheit ist.

Nur durch Unterwerfung können wir den Tricks und Täuschungen der Unabhängigkeit widerstehen. Unterwerfung Hier, für Die Teenager, Ist Die Bereitschaft

Zu einreichen Zu Die Anweisungen Und Anleitung von den Eltern bereitgestellt. Wenn der Teenager Disziplin übt, um die Erziehung wirklich durchzustehen, ohne in die Welt der Unabhängigkeit hinauszueilen, dann wird er besser gerüstet und reifer sein, um den Herausforderungen der Welt zu begegnen, ohne sich die Finger zu verbrennen. Wenn man gebrochen Und gequetscht emotional, sozial, und behandelt hart für eilend aus hinein Die Welt der Täuschung wird es schwieriger, zurückzukehren Was eins lief weg aus, Und In Die Prozess des Versuchs, es dort abzustecken, stoßen viele auf anders ungerechtfertigt Situationen Das hätte durch Ausdauer verhindert werden können, vollständig oder etwas besser ausgestattet zu sein. Viele der Teenager, die um jeden Preis Unabhängigkeit anstreben fühlen getötet emotional, sozial, finanziell und beginnen dadurch, sich auf Dinge einzulassen, die ihr Leben kosten. Emotional, weil sie nicht länger stabil Zu machen weise Entscheidung; sozial, weil Sie Wille fühlen links aus Und nicht fähig Zu passen in Die Kreis von Freunde Das Sie haben, oder sogar so erfolgreich fühlen wie ihre Freunde. Finanziell, weil Sie Sind nicht vorbereitet Zu verwalten ihre Finanzen, um Nachhaltigkeit sicherzustellen, weil sie einfach dem Gruppenzwang folgten. Einige schließlich erhalten zerstört. Das Element von Stolz der den Wunsch nach Unabhängigkeit antreibt, wird A besser Teil von ihnen, Und letztlich, sie gehen verloren.

Unabhängigkeit und Frieden

UNABHÄNGIGKEIT FÜHRT zum Konzept der Krieg, weil jeder, der in Isolation lebt, so selbstbewusst ist, dass eins beginnt Zu fühlen Was Die andere Person ist nicht denken. Die Angst, von der anderen Person angegriffen zu werden, steigt so stark an, dass man beginnt, sich vor der anderen Person zu schützen. Das Leben in einer solchen Umgebung führt dazu, dass man provoziert Die andere Weil Die Gedanke von angegriffen werden führt eins Zu werden mehr aggressiv in ihrer Einstellung und ihrem Verhalten. Bei *Unabhängigkeit* gibt cs kcine Bedenken darüber, wie destruktiv man mit dem Eigentum einer anderen Person umgehen kann, aber bei *gegenseitiger Abhängigkeit* gibt es Gedanken über die Auswirkungen einer solchen Zerstörung auf das eigene Wohlbefinden, insbesondere wenn man abhängig ist An Die Beitrag von solch A Person. Die Zerstörung des Eigentums dieser Person wird sich nachteilig auswirken beeinflussen dein Fähigkeit Zu Funktion, somit den zweiten Gedanken, bevor wir uns auf destruktive Tendenzen einlassen. Interdependenz macht uns denken von Zusammenarbeit vor Enteignung. Die Frage, die man sich in einer Beziehung der gegenseitigen Abhängigkeit stellen muss, ist: Welche Auswirkungen wird die Zerstörung dieses Eigentums auf meinen Lebensunterhalt haben, aber mit Unabhängigkeit, solch Frage Wille nicht gehen davon aus, dass die Anstrengung darin besteht, sich gegen einen Angriff zu wappnen, der oft unvorstellbar, phantasievoll und eingebildet ist. In der Welt der gegenseitigen Abhängigkeit Dort Ist mehr Zusammenarbeit Und

Gemeinschaft Bewusstsein als Unabhängigkeit. In der Interdependenz besteht die Tendenz, die global Gut, nicht Nur Die Person Gut. In gegenseitiger Abhängigkeit, Die Fokus Ist An Selbstverbesserung und gemeinschaftliche Verbesserung, denn das Wohl des anderen ist das Wohl des Ganzen, weil jeder für das Leben auf den anderen abfärbt. Nehmen wir zum Beispiel die Probleme mit Ländern: Mehrere Länder leben oder existieren in Angst voreinander, weil es Geheimdienste gibt, die versuchen herauszufinden, was der andere tut, was die Existenz des anderen beeinträchtigen könnte Land. Das Ist Warum Wir Sorge um Spionage (Ausspionieren) untereinander. Jedes Land lebt unabhängig aus Angst vor dem anderen. Können Sie sich eine Welt der gegenseitigen Abhängigkeit vorstellen und was sie für die Welt bedeuten würde? Es gibt würde Sei NEIN Furcht von Krieg, Und Dort wäre Frieden, weil man *unabhängig ist* und gleichzeitig Dasselbe Zeit *abhängig* An Die andere, welche wird als *Interdependenz zusammengefasst* . Es gäbe keine brauchen für Spionage An eins ein anderer Weil das Wohl des einen ist das Wohl des anderen. Wenn man bedenkt, von Es, mehrere Länder Anzeige Die Konzept der Interdependenz, auch wenn sie nicht zustimmen werden Zu Es, von Bildung Allianzen. Der Konzept Der Grundgedanke einer Allianz ist, dass wir alle unabhängig, aber nicht autark sind. Daher braucht ein Land das andere, um auf das andere zu achten. Verbündete Nationen können sich gegenseitig besuchen, Handel, zusammenarbeiten, usw., basierend An diplomatische Beziehungen. Das ist die Macht der gegenseitigen Abhängigkeit. Es tut nicht rauben beliebig Land von ihre angeblich Unabhängigkeit Aber bekräftigt Das NEIN ein Land Ist autark. Eins Land hat was die andere Bedürfnisse In Zusatz Zu Was Die Land bereits hat, Und Vize umgekehrt. Der Betrug von Unabhängigkeit zwingt die Nationen dazu, mehr Geld für die Vorbereitung ihrer Verteidigung auszugeben als für die Lebensunterhalt von Die Eingeborene Und Bürger. Stattdessen von leuchtenden Licht An Unabhängigkeit, Wir kann die gegenseitige Abhängigkeit fördern. Tatsächlich gilt: Je mehr wir die gegenseitige Abhängigkeit beleuchten, desto schwächer wird das Licht der Unabhängigkeit. Das bedeutet, je mehr wir erkennen, dass wir eine Kombination aus Abhängigkeit und Unabhängigkeit. Menschen haben sagte Das Leben ist Beitrag, und kein Konzept bestätigt, dass mehr als Interdependenz. Unabhängigkeit tut nicht die Idee des Beitrags fördern, weil der Fokus Ist An selbst. Abhängigkeit tut nicht fördern diese Idee entweder, weil sie sich nur auf die andere Person konzentriert. Interdependenz fördert und unterstützt Das Idee von Beitrag weil Sie zu einer Sache beitragen, die alle betrifft und alle davon profitieren. Wenn ich abhängig bin, nicht haben irgendetwas Zu beitragen. Wenn ICH Bin unabhängig, ich könnte mich weniger um andere Menschen kümmern. Wenn ich interdependent bin, habe ich diese Verpflichtung etwas zum Wohle der Allgemeinheit zu bewirken, und auch andere haben mir gegenüber die Verpflichtung.

Interdependenz tut besser Zu Die Gesellschaft weil es die Kriminalität reduzieren oder beseitigen wird. Das ist so Weil Es würde Sei schwierig Zu begehen Mord Wissen Das ICH abhängen An Das Person als viel als er/sie kommt darauf an An Mich. Tötung ihn oder sie würde meinen Lebensunterhalt stark beeinträchtigen, so dass es eine Abschreckung gäbe, die Person zu töten. Es gäbe keinen Mord, weil dies an sich selbst eine klaffende Lücke in der Gemeinschaft und der Gesellschaft hinterlassen würde. Es gäbe keine Notwendigkeit für Raub und Entführung, weil ich jemanden ausrauben würde, der eine Erweiterung ist von Mich; oder Entführung A Person Das macht mich als Mensch vollständig.

Unabhängigkeit Tag der Feier

WENN ICH ÜBER DAS NACHDENKE, was wir als Unabhängigkeitstag eines Landes bezeichnen, bin ich zu der Erkenntnis gekommen, dass es wirklich nichts Vergleichbares gibt Unabhängigkeit. Wann A Land Ist erklärt, was getan wird, ist einfach, dass das Land bereit ist, von der völligen Abhängigkeit von einem anderen Land zu einer gewissen Nachhaltigkeit überzugehen. Es ist fast wie ein Paradigmenwechsel von Abhängigkeit zu Unabhängigkeit, aber im eigentlichen Sinne ist es eine Erklärung Das Die Land Ist bereit Zu beginnen einen Beitrag zur menschlichen Existenz zu leisten, was ein Zeichen für ein gewisses Maß an Reife ist, bis zu einem gewissen Grad für sich selbst zu sorgen und einen Beitrag zu leisten als Also. Stattdessen von Absolute Aufgrund seiner Abhängigkeit kann das Land nun einen Teil der Last tragen.

Haben Sie bemerkt, dass es, wenn ein Land unabhängig Das sie dürfen Sei willkommen

Kann sie den Vereinten Nationen beitreten? Kann sie am Welthandel teilnehmen? Kann sie an den Olympischen Spielen und anderen Sportereignissen teilnehmen? Deshalb ist es ein Übergang von der totalen Abhängigkeit zur gegenseitigen Abhängigkeit. Es ist ein Übergang von der Ebene der Hilfe zur Unterstützung. Hilfe bedeutet Hilflosigkeit. Weil Du Tun nicht haben irgendetwas. Hilfe konnotiert manche Ebene von Fähigkeit Zu Tun einige der erforderlichen Dinge, aber es braucht nur etwas Unterstützung, um es zu vollenden. Wenn ein Land für unabhängig erklärt wird, ist das im wahrsten Sinne des Wortes eine Erklärung, dass es nun für einige Dinge selbst sorgen kann und dass es einige Führer haben kann, die führen können, während bei Die Dasselbe Zeit würde brauchen begrenzte Anleitung und Führung.

Suchen bei Die Fall von Verbündete Nationen, Es Ist Die Streben nach gegenseitiger Abhängigkeit, das zu dieser Gründung führte. Wie wäre es mit der NATO? Die Idee, eine Koalition zu bilden, beruht auf der Vorstellung, dass diese Länder nicht arbeiten unabhängig, somit Sie bilden eine Liga von voneinander abhängigen Nationen. Die Idee ist, dass jedes Land allein nicht die nötige Sicherheit, daher wird ein Verbündeter benötigt, der hilft oder sogar ein Auge auf Geräusche hat Das würde drohen ihre Frieden. Koalition bedeutet gegenseitige Abhängigkeit zur Stärkung. Wie man es auch betrachtet, die Länder praktizieren gegenseitige Abhängigkeit und nicht Unabhängigkeit. Die Unabhängigkeitserklärung ist daher die Aufnahme in die Kategorie der Allianzen voneinander abhängiger Nationen. Es Ist Die Annahme hinein die Welt Wirtschaft Plattform Wo sie dürfen teilnehmen

In Handel. Es Ist ein Annahme hinein Die Konglomerat von Nationen, die sich stärken wollen. Das Land, das außen vor bleibt und nach Unabhängigkeit strebt, erscheint immer als gemeinsamer Feind. Interdependenz wird höher geschätzt als Unabhängigkeit. Im Handel sind alle Nationen Wunsch Zu haben manche bilden von wirtschaftliche Beziehungen zu den anderen, weil die Idee der Autarkie als fremdartig gilt, da kein Land für sich selbst sorgen kann. Laut dem Geschäfts Standpunkt, Es War angegeben Das Interdependenz gemeint Die Abhängigkeit von Entitäten aufeinander, wie Menschen oder Länder. Zum Beispiel über Die Jahre, Die Vereinigt Staaten Die gegenseitige Abhängigkeit von anderen Ländern bei Importen hat ein Rekordniveau erreicht.

Ich schlage vor, dass wir den Unabhängigkeitstag als Tag der Interdependenz begreifen, denn genau das ist er. Interdependenz bringt das Beste in den Nationen zum Vorschein. Selbst wenn es Wettbewerb gibt, ist es Wettbewerb in der verfolgen von Exzellenz für besser Beitrag zum Wohl der ganzen Welt.

Interdependenz Und Hochzeit und Familie

ALS A TEIL VON WACHSTUM von Die menschlich Anatomie, Jeder einzelne Mensch im heiratsfähigen Alter möchte heiraten, weil es bestimmte Bedürfnisse der Menschheit gibt, die nicht mehr erfüllt werden können erfüllt von Die Person sogar Wenn Sie haben war mit ihre Familien. Sie Wunsch Zu Sei unabhängig

Erste, Aber Sie Trotzdem wollen Das Interdependente Beziehung Weil von Die Erfüllung von Die wahre Menschlichkeit. Sie bewegen sich von der Ebene der Abhängigkeit An Eltern Und Familie, Zu Unabhängigkeit, aber sie sind nicht zufrieden, bis sie den Punkt der gegenseitigen Abhängigkeit erreicht haben, der die wahre Bedeutung von Menschheit. Das Erfüllung, wenn es fehlt In viele Völker Leben führt Zu Depression, Einsamkeit, Isolierung, usw. Kommen Zu denken davon, Die hauptsächlich Fahren Faktor von Hochzeit Ist Der Zweck der Ehe ist daher jene Erfüllung, die nur durch gegenseitige Abhängigkeit definiert werden kann.

Wenn Die Zweck von Hochzeit Ist andere als Interdependenz , dann ist es keine Ehe. Der Grund für eine Ehe ist, dass es Dinge gibt , Das Du könnte nicht bieten für selbst aber das Du brauchen. Ob Du Sind Die männlich (Ehemann) oder Frau (Ehefrau), die Dinge, die Sie brauchen, um Ihr Leben zu erfüllen und vollständig zu werden, sind in der anderen Person, daher gehen Sie eine Beziehung ein. Sie werden feststellen, dass immer Du Tun irgendetwas kurz von Es, Du Es kommt zu zahlreichen Konflikten und Reibereien in Ihrer Familie. Es Ist nicht Hochzeit Wann Du entscheiden Zu unabhängig sein oder Sei abhängig. Es muss Sei Interdependenz. Beachten Das Die Beschreibung Ist dass es in der Ehe darum geht, die volle Erkenntnis und Erfüllung dessen zu bringen, wer du bist, wie kannst du dann verfolgen Unabhängigkeit Und vermeiden Interdependenz? NEIN Hochzeit dürfen überleben als lang wie es sein sollte, wenn der Schwerpunkt auf etwas Kurzem liegt von Interdependenz. In einem Ehe , wo

Dort Ist nur eins Person Bereitstellung für Die Familie, Abhängigkeit, es entstehen Reibereien und Konflikte als Die Anbieter (Ehemann oder Gattin) Wille bald beginnen Ideen als die einzigen, die einen sinnvollen Beitrag zum Wohlergehen der Die Familie. Wenn nicht persönlich generiert Ideen, andere äußere Einflüsse werden bald Druck auf die Person hinein solch Ideen. Sogar Wann Es Ist die Vereinbarung der Paare, eine Person zu haben, bieten für alle, Die Person Das Ist nicht Die Anbieter Wille bald beginnen Zu fühlen unerfüllt weil es Ist Die menschlich grundlegend Rechts Das A Der Mensch sollte arbeiten, und das Versäumnis, dies zu tun, wird zu anderen negativen Auswirkungen führen, die sich aus der Unerfülltheit im Leben ergeben. Der Grund dafür ist, dass niemand ein Leben in Abhängigkeit führen möchte alle ihre Leben, welche Ist Wo Die Wunsch denn Unabhängigkeit kommt von. Im Falle der Unabhängigkeit, bei der einer der Partner arbeitet, aber nicht gemeinsam, sondern allein zum Wohl der Familie beiträgt, kommt es auch zu Konflikten, da der Gedanke der Geheimhaltung entsteht, der in einer voneinander abhängigen Beziehung nicht existieren sollte. Beziehung. Der Idee von Geheimhaltung in einer Beziehung führt zu Gefühlen der Ungleichheit Und Ungerechtigkeit als Dort Wille Sei das Gefühl, dass eine der beiden Personen mehr beiträgt als nötig. Nichts gibt erheben Zu Streitigkeiten In A Familienkonflikte lösen sich schneller auf als finanzielle Konflikte, daher ist es besser, sich auf die Achse der gegenseitigen Abhängigkeit zu konzentrieren, wo es keine Geheimnisse, sondern Transparenz gibt. A Leben in Unabhängigkeit führt zu einem Leben von Geheimnisse. A Leben von Geheimnisse führt Zu A Leben von

Angst. Ein Leben in Angst führt zu einem Leben in Unsicherheit. Ein Leben in Unsicherheit führt zu einem Leben voller Verteidigung Mechanismen. A Leben von Verteidigung Mechanismen führt Zu A Leben von Selbstverteidigung. Der resultierende Ende Ist Selbstbefestigung gegen jemandes Ehepartner und Familienmitglieder, mit denen man glücklich leben sollte mit. Wenn eins Ehepartner stärkt sich gegen den anderen, es gibt einen Zusammenbruch in der Ehe, und die Ehe hört auf, Ehe zu sein, sondern ein Kriegsgebiet. Was es noch schlimmer macht, ist die sogar dort, wo es keine solche Befestigung gibt, die Annahme der Sammlung von Waffen Vernichtungsvorwürfe, die es gar nicht gibt, können sogar zu Konflikten und Ehezerstörungen führen. Geheimnisse führen zu ungerechtfertigten Spannungen aufgrund der Unsicherheit und der damit verbundenen Angst vor der Vernichtung, um nicht Opfer zu werden. Tatsächlich könnten solche Spannungen auf gar nicht existierenden Ängsten beruhen. Deshalb muss die Ehe auf gegenseitiger Abhängigkeit basieren, nicht auf Unabhängigkeit oder Abhängigkeit. Wo Offenheit herrscht, herrscht Transparenz. Wo Transparenz, Dort Ist Belichtung Zu Die Bedürfnisse des anderen, was die gegenseitige Unterstützung durch sich ergänzende Werte fördert. Selbstentblößung klärt Konflikte, Annahmen, Unterstellungen, Zweifel usw. Selbstentblößung verstärkt die gegenseitige Abhängigkeit, da sie Selbstunzulänglichkeit aufdeckt. Dasselbe gilt für eine Familie, die voneinander abhängig ist und in der es keine Geheimnisse gibt. Zeigen Sie mir eine Familie, die voneinander abhängig In ihr Werte, Und ICH Wille Ihnen eine Familie zeigen, die glücklich bis an ihr Lebensende lebt, oder noch besser, A Familie Das Ist froh. Es Ist Die Furcht von Geheimhaltung

Dies führt zu Konflikten, da jeder über den anderen und seine Pläne im Unklaren ist. Die Geheimnisse sind so zahlreich, dass niemand sie aufgeben möchte, sondern man lebt immer am Rande der Unsicherheit und in Anspannung wegen der Ungewissheit, die unerwartet eintreten könnte.

Einnahme Die Ausgabe von Unabhängigkeit, A Kerbe Darüber hinaus führt dieses Konzept in der Ehe zu Unterdrückung und Einschüchterung. Die Tatsache, dass man das Gefühl hat, dass die Geheimhaltung der anderen Person dazu führen könnte In WHO Streiks Erste führt eins Zu sicherstellen dass die Leistung Ist reduziert oder zerstört von Sicherstellen, dass Die Person Ist geschwächt Zu Die Punkt von nicht in der Lage zu sein, ihre Pläne auszuführen oder umzusetzen, ob diese nun eingebildet sind oder nicht. Dies führt zu Einschüchterung und manchmal auch zur Unterdrückung der anderen Partner. Wo Dort Ist Interdependenz, kaum Wille solch existieren Weil Dort Ist Zusammenarbeit, Kooperation und Zielstrebigkeit.

Dort Ist NEIN Hochzeit Das dürfen überleben In Die Atmosphäre der Unabhängigkeit und Abhängigkeit. Unabhängigkeit ist in der Ehe eine Täuschung. Abhängigkeit ist in der Ehe belastend, aber ich wage zu behaupten, dass jede Ehe in der Atmosphäre der gegenseitigen Abhängigkeit überleben kann, ja sogar gedeihen kann, denn das ist es, was Hochzeit Ist von Beschreibung. Es Ist sich verlassend auf einander, nicht auf sich selbst und nicht auf den anderen. Wo ein solches Vertrauen besteht, kann es nur möglich sein unter Die Auspizien von Kommunikation. In Die Atmosphäre von Interdependenz, NEIN man kann überleben ohne Kommunikation. Du entweder kommunizieren, um Ihre Bedürfnisse bekannt zu machen oder Sie kommunizieren Zu treffen Die Bedürfnisse von Die andere .

In der Ehe führt das Konzept der Unabhängigkeit eins Zu Rückzug. Rückzug Syndrom ist sehr gefährlich In beliebig Beziehung, besonders, Hochzeit. Als A Gegenstand von Tatsache, Rückzug Ist ein Mörder von Beziehung als Dort Wille Sei NEIN mehr Beziehung. Es dauert zwei Zu Sei In A Beziehung Wenn sich also jemand zurückzieht, endet die Beziehung. Das Konzept der gegenseitigen Abhängigkeit lässt Ehebeziehungen gedeihen. Sehr nah an der Ehe ist Familie. Der Konzept von Familie Ist Zusammengehörigkeit, aber Es Ist Die Konzept von Interdependenz statt Unabhängigkeit.

Kann Hochzeit werden A utopisch wagen wo man nicht die Fähigkeit hat, selbst zu denken? Das Ist nicht Was Ist Sein diskutiert Hier ist es jedoch so, dass dort, wo gegenseitige Abhängigkeit besteht, solche Gedanken und Ideen gemeinsam ausgetauscht, diskutiert, erörtert und umgesetzt werden.

Interdependenz und die Zusammensetzung des Menschen

DIE DREIGLIEDRIGE NATUR des Menschen unterstützt die Existenz der gegenseitigen Abhängigkeit: Geist, Seele und Körper. Das Ist Die Befehl von Existenz. Diese drei Elemente kann nicht existieren unabhängig von der andere und kann nicht völlig von einem anderen abhängig sein, sondern muss voneinander abhängig sein. Kein Mensch dürfen existieren von Die Geist nur; Seele nur; Und nur der Körper, daher sind alle drei aktive Teilnehmer an dem, was einen Menschen zu einem Wesen macht. Jede von ihnen Ist A Dimension von Die menschlichen Körper.

Interdependenz Und Die Menschliche Existenz

ES IST FAST UNDENKBAR, an die menschliche Existenz zu denken, ohne über das Konzept der gegenseitigen Abhängigkeit und die dazu beitragenden Werte nachzudenken. Wir haben sogar viele Sprichwörter, die einen dazu veranlassen darüber nachzudenken, wie zum Beispiel: *„Zwei Köpfe sind besser als einer* “. Zwei Köpfe sind besser als einer bedeutet, dass zwei Menschen, die zusammenarbeiten, eher ein Problem lösen können als einer allein. Person tun Es allein. "Zwei Köpfe Sind besser als eins, nicht Weil entweder Ist unfehlbar, sondern weil es unwahrscheinlich ist, dass sie in die gleiche Richtung falsch laufen." – CS Lewis

Es sind nicht irgendwelche zwei Köpfe, sondern zwei arbeitende, unabhängige, abhängig Und produktiv Köpfe sind besser als einer. Dies ist die Idee, dass diese beiden getrennten Köpfe so funktional sind, dass ihre Zusammenführung einen dynamischen Ressourcenfluss erzeugt. Eine solche Fusion ist nur in einer Atmosphäre der gegenseitigen Abhängigkeit möglich, die den Austausch von Wissen, Erkenntnissen, Fähigkeiten und Weisheit ermöglicht und so zu einer synergetischen Entfaltung von Intelligenz führt. Richard Branson erklärt in Bezug auf die Geschäftsstrategie: „Zwei Köpfe sind definitiv besser als eins Und von Brainstorming als A Team Und gegenseitig Ideen zu beschaffen, haben Sie eine bessere Chance von Kommen hoch mit A Strategie das wird erlauben dein Geschäft Zu überwinden A Rückschlag oder Herausforderung."

Ein Geist kann nur über seine eigenen Fragen nachdenken; er überrascht sich selten selbst. – *Orson Scott Card (1996). Nur wer ernsthaft denkt, kann seine eigenen Gedanken hinterfragen. Es erfordert zwar Disziplin, sich selbst zu hinterfragen, aber es fällt leichter, sich im Kreis anderer zu hinterfragen. Es ist notwendig, das eigene Denken zu überprüfen, zu bewerten und zu analysieren, um den Fokus zu bestimmen. Die Bedeutung der Interdependenz liegt darin, dass* viele *Köpfe zwangsläufig besser sind als einer.*

Die Notwendigkeit der gegenseitigen Abhängigkeit der Menschen zeigt sich auch in diesem afrikanischen Sprichwort: *„Wenn du schnell gehen willst, geh allein. Wenn du willst Um weit zu kommen, geht zusammen* . „Weit zu kommen bedeutet nicht nur, In Distanz Aber Auch weit In Erfolge und Leistungen. Schnell zu sein ist zwar eine tolle Sache, aber nicht immer das Beste, besonders wenn man alleine unterwegs ist. Es ist möglich, dass viele Dinge zurückbleiben und unbemerkt bleiben, und solch Dinge könnte Ursache Gefahr Und und dadurch den stetigen Fortschritt behindern. Wenn man hingegen mit anderen unterwegs ist, ist die Reise mehr angenehm, Und mehr wichtig, die Schecks Und Salden dürfen Sei Die Grund für einen stetigen Fortschritt und ein erfolgreiches Abenteuer. Diejenigen, die mit Ihnen zusammen sind, werden dafür sorgen, dass kein Stein auf dem anderen bleibt, als solche unbeachteten Steine hätte ein Auswirkungen An ihnen positiv oder negativ.

Gleichzeitig, Die afrikanisch Sprichwort: " *Gehen Die Weg, den viele Menschen gehen; wenn Sie alleine gehen, werden Sie Grund zum Klagen haben* ", veranschaulicht, dass die kulturelle Sicherheit eines Einzelnen in der persönlichen Verbindung und der beitragenden Rolle liegt, die er innerhalb einer Gruppe spielt.

Diese und viele andere Sprüche machen deutlich, dass der Mensch für die gegenseitige Abhängigkeit geschaffen bzw. geboren ist, um viel zu erreichen und Erfüllung zu finden. Wenn jemand im Leben viel erreichen, Erfolge erzielen, Erfüllung finden und Erfolg haben möchte, ist die gegenseitige Abhängigkeit der wichtigste Weg. Die Person muss den „ *Weg der Interdependenz" oder „Boulevard* " wählen. Schnelles Vorgehen schafft möglicherweise nicht die Grundlage für das gewünschte Ergebnis und wird daher nur vorübergehend gelebt. Wenn es eine andere Person betrifft oder andere Menschen, mit denen man zusammenarbeitet, ist es sicher, dass andere Perspektiven zum Tragen kommen, und daher wird sich die Dynamik ändern, die Wille führen Zu größer Erfolg. Als A Tatsächlich werden die Perspektiven aller Menschen eine sehr beeindruckende Grundlage bilden. Die Zusammenarbeit öffnet die Türen zu Möglichkeiten, die Fragen aufwerfen, die eine Person vielleicht nicht sieht. Es gibt Wille Sei NEIN Überraschungen bei alle Wenn Du gehen allein, aber Dort Wille Sei ein Gelegenheit Zu machen Es besser, da mögliche Fehler aufgedeckt werden könnten, und außerdem Die andere Ansichten Wille Glanz heller Licht für mehr Erfolg.

Für A Nation Das will Zu gehen weit In Entwicklung,

Es besteht kein Zweifel, dass Zusammenarbeit durch gegenseitige Abhängigkeit der richtige Weg ist, als gehen unabhängig. NEIN Nation das heißt unabhängig von andere Wille immer gehen weit genug, weil Dort würde Sei NEIN Vergleich, NEIN Zusammenarbeit und kein gesunder Wettbewerb. Was auch immer eine solche Nation produziert oder herstellt, würde Sei Die nur Ding bekannt Zu solch A Nation. Wenn Es Ist Die ärmsten Qualität, Das Ist Was Die Nation steckt fest. Wo gegenseitige Abhängigkeit besteht, Nationen Wille Sei fähig Zu Aktie ideologisch Unterschiede, die die hergestellten Produkte verbessern und die Qualitätskontrolle und den internationalen Standard gewährleisten. Tatsache ist auch, dass selbst wenn eine Nation ein Produkt herstellt, ohne Die Schirmherrschaft von andere Nationen, das Produkt Wille nicht gehen weit als Zu anziehen internationale Anerkennung.

Interdependenz In menschlich Existenz führt zu einem weisen Leben und der Vermeidung der Konsequenzen des Lebens. Wenn Menschen voneinander abhängig sind, Sind Gelegenheiten Zu lernen aus Die Fehler und Korrekturen anderer und ermöglichen dadurch andere Zu unterlassen aus solch teuer Fehler. Ein Leben in Unabhängigkeit würde erleben wollen alle Sorten von Fehler Und leiden Konsequenzen welche könnte haben leicht gewesen vermieden. Warum sollte man sich dafür entscheiden, nach Konsequenzen statt nach Weisheit zu leben? Einige der Konsequenzen könnten kostspielig sein Und tödlich. Eltern zweifellos beklagen die Ablehnung von ihre jung diejenigen Zu beachten Die Weisheit ihrer Anweisungen, wissend, dass diese Anweisungen würde Ersatzteil ihnen unnötig emotional Und physisch Schmerz.

Wann Es kommt Zu Interdependenz von eins Alter auf Die andere, Die jünger Generation muss pflegen Die Attitüde von Lernen aus Die Weisheit der älter diejenigen, während Die älter diejenigen lernen über neue technologische Systeme von den Jüngeren. Die interdependente Fähigkeit eines Alters und Die andere dürfen nur führen Zu größer Erfolge In Existenz als NEIN eins Wille Sei links hinter sich und kein Finger wird sich verbrennen. Es kann nur zu einem Zuwachs an Weisheit für alle führen, da niemand nutzlos und niemand unentbehrlich sein wird. Um das Leben in vollen Zügen genießen zu können, müssen Jung und Alt voneinander abhängig sein.

Unabhängigkeit Und der Marktplatz

DER KONZEPT VON UNABHÄNGIGKEIT scheint Zu Tun alles Aber Was Wir versuchen Zu fördern In am Arbeitsplatz. Eines der wichtigsten Dinge, die einen Unternehmen Zu scheitern Ist Die Idee von Arbeiten In Silos. Unternehmen ausgeben A viel von Geld Und begehen eine Menge von Ressourcen Zu sicherstellen Das Dort Ist A abbauen In Arbeiten In Silos. Der Grund Ist Das Wir glauben, dass die Moral der Mitarbeiter (das wertvollste Gut) der Schlüssel zur Produktivität solcher ein juristische Person. Somit Die Führung fördert Teamarbeit und Kommunikation. Wir fördern die nach außen gerichtete Denkweise, weil wir die gegenseitige Abhängigkeit fördern wollen, Aber Wir Auch wollen Zu Sei unabhängig zugleich, was wirklich gegen Die Konzept von Zusammenarbeit. Während Es Ist nicht die Absicht des Establishments, es ist die Realität von Unabhängigkeit gegen Interdependenz. Das Konzept der nach außen gerichteten Denkweise fördert das Erreichen aus Zu andere Menschen Und scheint Zu fördern die Idee, Dinge auch aus der Perspektive anderer Menschen zu sehen. Doch genau das fördert die Unabhängigkeit nicht, denn es dreht sich alles um mich, mich selbst und mich. Der Wunsch nach Unabhängigkeit besteht eher darin, Dinge alleine zu tun. Betriebe fördern die Kommunikation welche dürfen führen Zu Rentabilität

, aber Unabhängigkeit scheint dieser lebenswichtigen Tugend im Weg zu stehen. Auf dem Marktplatz ist das Konzept von Unabhängigkeit scheint Zu fördern ungesunde Wettbewerb unter Personal Weil alle würde Sei fixiert An versuchen Zu das andere rückgängig zu machen, anstatt hart daran zu arbeiten, alle an Bord zu holen. Es wird zu einer Hortung von Informationen aus eins ein anderer Weil NEIN würde ermutigt werden, ihr Wissen weiterzugeben, aus Angst, Es könnte Sei A Waffe gegen ihnen von ihr Konkurrent. Stattdessen von Sehen Die Gefährte Personal als Kollegen werden sie als Konkurrenten gesehen. Das Konzept des Kollegen bei der Arbeit ist das Konzept der gegenseitigen Abhängigkeit welche fördert Die Tatsache Das wenn wir alle erhalten anerkannt, Dann Wir alle erhalten Die Kredit- es zusammen. Tatsächlich ist das Konzept der Interdependenz sollen Sei A Schlüssel Leistungsindex auf dem Markt. Wenn es Lob für jemanden auf dem Markt geben sollte, dann für alle im Team, denn niemand kann einen Prozess starten und abschließen, ohne Die Beiträge Und Bemühungen von andere in diesem Team oder dieser Abteilung. Wenn ich darüber nachdenke von Es sogar andere Menschen aus andere Abteilungen müssen eine Rolle gespielt haben, die sich belief Zu Die Produktion von Das welche angezogen das Lob. Nehmen wir zum Beispiel: Wenn die Lohnbuchhaltung nicht Verfahren Gehaltsabrechnung, Du Wille wahrscheinlich nicht der Meinung sein, gut für das Produkt zu arbeiten. Wenn die Buchhaltung nicht für die Auftragnehmer von Die liefern für Die Produkt, die Materialien oder Elemente zur Herstellung des Produkts hätten gefehlt. Wenn die Führung den Prozess nicht gefördert hätte, hätte es wahrscheinlich keinen Anreiz oder Anstoß für die Arbeit gegeben, die dieses Produkt hervorgebracht hat. Jeder Mensch muss Aktie In Die Produkt welche zog das Lob an. Im Falle eines Produktionsbetriebs, jeder, vom Fahrer bis zum Sicherheitspersonal bewachen Zu Die Reiniger, Und Also An, sollte das Lob teilen. So funktioniert das Konzept der Interdependenz. Die Vernetzung, die in der Arbeitsdynamik der Interdependenz existiert, macht es unmöglich, eine Person hochzuheben, ohne dass die anderen mitgehoben werden. Die Vernetzung ist wie das Fischernetz, in dem alles miteinander verbunden ist, und man kann nicht einen Teil hochheben, ohne dass alle anderen auf seinem Weg mitkommen. Die Anerkennung eines Teils ist die Anerkennung von alle, Und folglich, Es verringert sich, und Dort Ist hoch Wahrscheinlichkeit Das Es Wille Ungleichheit beseitigen .

Kapitel 5 - Die Philosophisch/Sozial Diskurse zur Interdependenz

Philosophisch gesehen mehr speziell, Phänomenologisch basiert die Selbstverwirklichung auf dem Selbstbewusstsein, das aus dem Stufen von Leben als eins wächst hoch. Das Bewusstsein tut nicht rauben eins von sein/ihr Einzigartigkeit als Person, sondern bestätigt es selbst. Von der Geburt bis zum Selbstbewusstsein gibt es verschiedene Wachstumsphasen. ICH wissen Das ICH Bin A menschlich Sein Weil ICH siehe andere menschlich Wesen wie Mich. Das fördert Interdependenz. Der Wesen Und Determinante von unser menschlich Existenz Ist herausgefordert Wann wir fördern Unabhängigkeit bei Die Kosten von Interdependenz. Zeigen Mich dein Menschheit Und ICH wird Ihnen die gegenseitige Abhängigkeit zeigen.

Unabhängigkeit fördert die Dichotomie zwischen Menschen in unterschiedlichen Realitäten. Interdependenz fördert die Aufspaltung der verschiedenen Dimensionen derselben Realität. Statt einer Dichotomie zwischen Abhängigkeit Und Unabhängigkeit, Dort sollte Zu Sei A Kontinuum zwischen dem zwei welche könnte Sei beschriftet als Interdependenz. Es sollte eine gegenseitige Durchdringung von Unabhängigkeit und Abhängigkeit geben, die man mit Recht als *Interdependenz* bezeichnen könnte.

Der Konzept von Abhängigkeit Und Unabhängigkeit

hat ein Dilemma in der menschlichen Existenz geschaffen, weil der Ansatz der der Bereiche war. Bereiche scheinen als zwei getrennte Sektoren betrachtet zu werden, die aus keinem Grund interagieren. Anstelle des Bereichsmodells wird der Ansatz von Dimension sollen Sei berücksichtigt und auf die Diskurse angewendet. Während das Reichsmodell zweigeteilt ist, unterscheidet das Dimensionsmodell. Dimensionsmodell betont Die Gleichzeitigkeit der menschlichen Existenz und würde die Idee von Abhängigkeit und Unabhängigkeit als gleichzeitige Existenz unterstützen. Realität und Erfahrung der menschlichen Existenz betonen, dass es gleichzeitig Durchdringung zwischen Die Abhängigkeit und Unabhängigkeit der menschlichen Existenz. Dimensionsmodell wird helfen, die zu überwinden Dualismus von Abhängigkeit Und Unabhängigkeit. Der Ansatz des Dimensionsmodells erfordert ein Kontinuum anstelle einer Aufspaltung oder Dichotomie. Vergleichsweise ist der Mensch ein Kontinuum von Dimensionen vom Physischen über das Moralische bis hin zum persönlich Und Die spirituell. Der Konzept erscheint Zu Sei hierarchisch In Natur, Aber Dort Ist ein dynamisches Kontinuum zwischen ihnen. Die *physische* Dimension ist der Aspekt der Erfahrung, in dem man sich der materiellen Welt bewusst ist. Die *moralische* Dimension befasst sich mit dem Bewusstsein anderer Personen. Die *persönliche* Dimension befasst sich mit dem Bewusstsein einer Person über sich selbst als Person. Selbstbewusstsein ist das, was den Menschen empirisch von anderen Tieren unterscheidet. Selbstbewusstsein wird durch die physische und moralische Dimension vermittelt. Der Notwendigkeit von Die physisch Dimension für Selbstbewusstsein sollte selbsterklärend sein. Selbstbewusstsein aufgrund der Verwandtschaft mit andere führt eins Zu Die *spirituell* Dimension von Die stillschweigend Ebene. Selbstbewusstsein oder Bewusstsein ist das, was bestätigt, dass der Mensch aufgrund der Interaktion mit anderen tatsächlich ein Mensch ist. Die Konzept von Streben Zu Sei unabhängig von anderen, macht keinen Sinn. Die Idee des Dimensionsmodells ist sinnvoll, da es betont Das eins menschlich Sein Ist ein Verlängerung von Die andere, welche weiter betont Wir sollten nach gegenseitiger Abhängigkeit streben, nicht nach Unabhängigkeit vom anderen. Wenn man beginnt, ein überwältigendes Gefühl der Selbstgenügsamkeit ohne andere zu verspüren, ist man stolz.

Noumena Und Phänomene

UM ES MIT DEN WORTEN des Philosophen Immanuel Kant aus dem 18. Jahrhundert auszudrücken: Konzept von Die Noumena Und Phänomene ist sehr relevant für unser Verständnis des Diskurses von Interdependenz. Kant beschreibt die „Noumena" als „ *Dinge an sich*" und die „Phänomene" als *'Dinge als Sie erscheinen* .' Es Ist nicht um den Begriff, wie ihn Kant beschreibt, zu vereinfachen, sondern ICH finden Relevanz Zu Die Diskussion. Während für Immanuel Kant, Die Konzept War gebraucht Zu Betonen Sie die Dichotomie, die unsere Existenz durchdringt, ich sehe das Konzept als tiefer. Es gibt einen großen Unterschied zwischen wahrnehmen Menschen *'als sie sind In sich selbst'* Und *' als Sie erscheinen'* . Wenn Sie sehen Menschen als Sie erscheinen, Du Sind Umgang mit Die zeitlich, vergänglich, Und eins Ist

Interpretationen unterworfen, die nichts wert sind, weil die Person, die die Wahrnehmung vornimmt, nicht behaupten kann, die Person gut zu kennen, sondern einfach nur urteilend ist. Es Ist A grell Unterschied Wann eins sieht den Menschen so, wie er in sich selbst ist. Das bedeutet, dass es Werte und Tugenden gibt, die Sind inhärent Das Sind Sein studierte Und verstanden. Zu sehen eins als er/sie erscheint Ist nur für bare Münze. Im Noumena-Geisteszustand sehen Sie Werte und Tugenden, die über den bloßen Schein hinausgehen. Die Kraft, einen Menschen als er/sie erscheint Ist Was führt manche Menschen, andere zu misshandeln, den Respekt vor dem anderen zu verlieren, Aber Wann Du sehen Das Was Du Sind Sehen (äußerlich) ist nur die Hülle, und es gibt besser Dinge darunter Die Abdeckung Das kann einen großen Unterschied im Leben machen, dann wird sich die Reaktion ändern. Das, was unter der Hülle liegt, ist von ewigem Wert, und solche Dinge erfordern ein gewisses Maß an Absicht, um die Person als sich selbst zu entdecken. Viele nehmen es nicht wahr Das Extra Bemühung Zu wissen Die Person als er/sie ist in sich selbst; und es ist dieses Versagen, das uns in diesem flüchtigen Zustand verweilen lässt Die Phänomene rahmen von Geist. Der phänomenale Geisteshaltung ist trügerisch und bringt nicht jene ewigen Werte zum Vorschein, die wirklich definieren und beschreiben Die Wesen von Die menschlich, Aber die Noumena gibt A besser Bild Weil eins bedeutet, über das Vergängliche hinauszublicken und mehr zu sehen, als das Auge erblicken kann. Das Sprichwort: „Schönheit liegt im Auge von Die Betrachter' dauert A anders inter-

Prätation Weil 'Schönheit Ist In Wertschätzung Die Noumena (die Person in sich selbst sehen) und nicht in Fokussierung An Die schmücken von Die Noumena. Ich betrachte die Noumena-Geisteshaltung als Grundlage der Interdependenz, weil sie einen dazu bringt, das Einzigartige in der Person und die ewigen Werte zu erkennen, die in solchen A Person Das könnte beitragen Also viel um die Mängel anderer Menschen zu beheben. Jeder Mensch muss die Noumena-Geisteshaltung kultivieren, weil Es fördert Das einzigartig Qualität von gegenseitiger Respekt in der Menschheit.

Interdependenz und Diversität

VIELFALT IST EIN WORT, das wir nicht wirklich verstehen Bedeutung Weil Es Ist Abstrakt Zu uns. Diversität kann nicht Sei verstanden draußen von Was ICH nennen wir es „Verwandtschaft". Es Ist In Die Demonstration von Was die Vielfalt zum Ausdruck bringt, ist ihre Bedeutung. Sie liegt nicht in Beziehungen, sondern in der Verbundenheit.

Um verwandt zu sein, muss es keine emotionale Bindung an Gleichgesinnte geben, die gegenseitige Abhängigkeit fördert. Es gibt ein gewisses Maß an Anerkennung der Existenz von Gleichgesinnten oder Ähnlichem, je nachdem, was Sie sehen oder sehen möchten. Was sehen Sie? Sehen Sie, dass alle Menschen gleich sind, aber auf unterschiedliche Weise als Menschen?

Tun Du sehen andere Menschen als Personal wie Du bei die Organisation, oder Tun Du sehen Aufsicht Und Supervisanden-Dichotomie, wodurch die Klasse der Vorgesetzter Und minderwertig? Es Ist Einfacher Zu betreffen mit Menschen, die Ihnen ähnlich sind, als mit Menschen, die Ihnen ähnlich sind. Das Ist nicht reden von Beziehung weil es kein Versprechen ist und keine emotionale Bindung besteht, da es keine Bestandteile einer Verwandtschaft sind. Dort Ist NEIN brauchen für beliebig Bemühung In Verwandtschaft als In Beziehung. Es Ist ungezwungen Rhythmus unserer Zusammensetzung als Menschen. Wir müssen nicht streiten Zu betreffen Weil Dort Sind NEIN logisch Gründe Zu Tun Es. Eins Ding Zu wissen Ist Das Wann eine Anstrengung Ist erforderlich, Dann Es schafft Zimmer für Betrug, Konditionalität, Kompromiss, Manipulation, Schmerz, Täuschung, Vortäuschung, Vermeidung, Verfälschung, Falschheit, Fälschung und Enttäuschung. Dies sind die Elemente, die Beziehungen scheitern lassen, und sie haben in einer Beziehung keinen Platz, denn Beziehung sollte ganz natürlich entstehen. Wenn Sie sich um eine Beziehung bemühen müssen, wem ähneln Sie dann: Die Dasselbe oder ein anderer? Der bloß Die Tatsache, dass Sie die Gleichheit aller Menschen erkennen, ist das notwendige Element der Verwandtschaft. Warum dürfen Wir nicht betreffen? Einheit In Vielfalt liegt in der Verbundenheit zwischen uns und unter uns. Vielfalt Ist nur ausgesprochen Wann Es kommt zusammen, so wie Farben und unterschiedliche Formen im Zusammensein stärker ausgeprägt sind. Eine Farbe auf ihrer eigen Ist nicht als Schön als Wann Es Ist A Teil eines Gruppe von Farben oder A Konglomerat von Farben. Ein Form Ist nicht als ausgesprochen von selbst als wenn sie sich inmitten anderer Formen befinden. Auf die gleiche Weise zeigt sich die Einheit der Vielfalt im Zusammensein, und Zusammensein wird nur in der Verwandtschaft, nicht in Beziehungen, ausgeprägt.

Der Beschreibung von Diversität Ist eingebettet In Die

Die praktische Anwendbarkeit der Verbundenheit, und ihre Erhaltung liegt in der mühelosen Darstellung dieser rhythmischen Existenz. Keine zusätzliche Anstrengung erforderlich. Keine Notwendigkeit, sich vor dem anderen zu schützen. Es kommt mit Absicht und Entschlossenheit. In der Welt der Vielfalt, jeder ist wichtig und zählt, weil alle dürfen betreffen Zu Die andere Person. Wenn das nicht der Fall ist, handelt es sich nicht um Diversität. Die Anerkennung von Diversität ist nicht Diversität, sondern die Verbundenheit, die dieses Wesen ausmacht .

Der Kern der Interdependenz ist die Vielfalt. Der Interdependenz liegt das Konzept der Vielfalt zugrunde. Ohne die Anerkennung der Vielfalt kann es keine Interdependenz geben. Vielfalt beschränkt sich nicht auf die Rasse, sondern findet sich in allem, sogar bei eineiigen Zwillingen und Geschwistern, denn sie sind unterschiedlich und unterscheiden sich in sich. Die Vielfalt einer Familie wird durch die Blutlinie besiegelt, aber sie macht sie nicht stärker als Die allgemein Bindung Das sollen existieren unter den Menschen. Sogar innerhalb derselben Rasse gibt es Unterschiede.

Unterschied zwischen Beziehung und Beziehung Es liegt in der Natur des Menschen, Verbindungen zu suchen mit andere Menschen, Tiere oder sogar Dinge. Diese Verbindung kann als Beziehung oder Relation definiert werden. Eine Beziehung ist eine Verbindung zwischen zwei Subjekten oder Menschen und wird informell verwendet. Im Falle von Menschen ist eine Beziehung Ist A besonders Verbindung Das Ist entweder gebunden von Blut oder Hochzeit oder von A eindeutige Vereinigung. Eine Relation wird formal verwendet, um die Verbindung zwischen zwei Gruppen, Ländern oder Elementen .

Was ist Relation?

DER BEGRIFF RELATION wird formal verwendet, um verschiedene Zusammenhänge zu identifizieren. Relation kann auch verwendet werden, um Ähnlichkeiten zwischen zwei verschiedenen Dingen zu identifizieren. In einem formalen Kontext wird Relation verwendet, um die Verbindung zwischen Personengruppen, die Ähnlichkeit zwischen verschiedenen Elementen und die persönliche Darstellung verschiedener Themen zu definieren. Relation kann verwendet werden, um Ähnlichkeiten und die Gleichheit zweier verschiedener Personen, Dinge oder Länder zu beschreiben. Relation kann nicht auf die gleiche Weise verwendet werden. Relation kann nicht als Bezugspunkt verwendet werden. Relation wird in einem formalen Kontext verwendet,

Was ist ein Beziehung?

A BEZIEHUNG IST A BEGRIFF gebraucht informell Zu Identifiziert Verknüpfungen oder verschiedene Verbindungen zwischen Personen oder Gegenständen und beschreibt, wie diese zusammenhängen. Der Begriff „Beziehung" wird informell verwendet, um Verbindungen und Verknüpfungen zu beschreiben, die zwischen Personen oder Elementen bestehen, um Verhalten zu beschreiben und die Absicht eines Paares zu klassifizieren.

Zusammenfassung von Beziehung vs. eine Beziehung

- Beide Die Bedingungen, Beziehung Und Beziehung, Hilfe Zu beschreiben manche bilden von Verbindung oder Link zwischen Gruppen von Menschen, zwei Individuen, unbelebte Dinge oder Elemente.

- Beziehung Ist gebraucht informell während Die Der Begriff Beziehung wird in einem formalen Kontext verwendet.

- Beziehung dürfen Sei gebraucht Zu identifizieren Die Ähnlichkeiten zwischen zwei verschiedenen Dingen, Personengruppen oder Einzelpersonen.

- Beziehung Ist Auch gebraucht als A Referenz Punkt.

- Beziehung beschreibt die Verbindung zwischen Menschen, ihr Verhalten zueinander andere Und A Paar gegenseitiger Status.

IN EINER BEZIEHUNG gibt es eine emotionale Bindung, Wenn nicht Es Ist nicht A Beziehung. In A Beziehung oder was ich Verwandtschaft nenne, gibt es keine Notwendigkeit für emotional Ausdruck oder Anhang als Es ist die Anerkennung der Ähnlichkeiten zwischen Menschen. Es ist lediglich die Anerkennung der Ähnlichkeiten innerhalb einer Gruppe von Menschen. Es kann eine Verwandtschaft innerhalb einer Gruppe von Menschen geben, aber eine Beziehung innerhalb einer Gruppe von Menschen ist unrealistisch, da viele Dinge nicht vollständig ausgedrückt werden können. Elemente wie Vertrauen wären weit hergeholt. Vertrauen ist für Verwandtschaft oder Beziehung nicht erforderlich. Aber NEIN Beziehung Ist vollständig ohne Vertrauen. Es besteht keine Notwendigkeit für die Erwartung von Vertrauen oder Verlässlichkeit in Beziehung oder Verwandtschaft, aber Es dürfen stärken Das Verwandtschaft Wenn gegenwärtig,

Zuverlässigkeit ist jedoch eine wichtige Voraussetzung für den Aufbau und die Aufrechterhaltung einer Beziehung. Interdependenz basiert daher auf Verbundenheit, nicht Beziehung Weil Es Ist nicht möglich Zu in einer Beziehung mit allen Menschen sein, aber gegenseitige Abhängigkeit muss existieren In Die Feier unserer Menschheit Und Menschlichkeit. Du dürfen Stellen Sie sich vor, wie weit und wie sehr dies zu dem friedlichen Zusammenleben beitragen kann, das wir uns so sehr wünschen.

Gleichmäßigkeit Und Einheit

DER IDEE VON EINHEIT konnotiert Gleichmäßigkeit welche unterstreicht die Notwendigkeit der gegenseitigen Abhängigkeit. Es muss jedoch festgestellt werden, dass Einheit Ist nicht Gleichmäßigkeit, Das Ist, Wir Sind nicht alle angeblich Zu Sei eins Und Die Dasselbe Zu Sei vereint. Tatsächlich besteht, wenn wir einheitlich sind, keine Notwendigkeit, die Einheit zu fördern, denn wir wären bereits vereinigt. Es Ist A farblos Gesellschaft. Es ist eine Gesellschaft ohne Titel. Interdependenz gedeiht in einer farblosen und titellosen Gesellschaft, weil alles aus der Perspektive der Menschheit betrachtet wird, anstatt als aus Die Linse von Kategorisierung/ Klassismus. Aus Die Perspektive von Menschheit, Wir wird nicht kategorisieren Menschen von Stamm, Region, Abschnitt, Stamm oder sogar Wettrennen. Titel wie Latina, Asiatisch, Einheimisch Amerikanisch, afrikanisch amerikanisch Wille Sei stark abgeschwächt. Obwohl mit dieser Klassifizierung starke kulturelle Werte verbunden sind, werden diese kulturellen Werte nicht das sein, was dem Menschen Identität. Es Ist Die Anhang von diese Titel Zu ihre Identität Das schafft Die systemisch

Rassismus welche weiter klassifiziert ihnen als minderwertig. Wenn Wir Wert jedermanns Beitrag, Wir wird niemanden als minderwertig herabsetzen.

Wer versucht, allein zu überleben, wird leiden, weil Es Ist Anti-Design von Menschheit Zu Tun dass. Menschen Sind verpackt Zu interagieren mit eins ein anderer. Tatsächlich ist alles, was darüber hinausgeht, eine Verleugnung der eigenen Verwirklichung. Ihr Überlebensniveau wird gemessen an dem Niveau von Interaktion mit andere Menschen. Es Ist was macht Die Unterschied zwischen Überleben Und Aussterben In beliebig Situation Das eins Funde sich selbst oder sich selbst. Es Ist In Die Ort von Unabhängigkeit wo man Funde solch Phraseologie als: „ *Überleben von der Stärkste* “, aber an der Stelle der gegenseitigen Abhängigkeit ist, wo Du finden oder entdecken Das Die fittest Ist der Eine WHO interagiert mit andere Menschen nicht Die jemand, der es alleine macht. Die Reise des Lebens ist keine Reise, die man allein macht.

Der Realisierung oder Aktualisierung von dein Unabhängigkeit ist im Ausmaß Ihrer Teilnahme an der Interdependenz Kreis. Du Wille realisieren dass du Sind unabhängig, Aber Du dürfen teilnehmen in der interdependenten Welt als ein lebensfähiger und entscheidender Beitrag zum Wohlergehen der Menschheit. Im Bereich der Interdependenz kann man auch erkennen, dass man abhängig ist, wenn man überhaupt keinen Beitrag leistet, weil man fühlen Das Du Sind A Parasit, Fütterung An Wo gegenseitige Abhängigkeit fehlt, können Unabhängigkeit und Abhängigkeit nicht lange für sich allein bestehen.

Sicherheitsrisiko Als Die Türöffnung Zu Konnektivität

WIE UNTER DEN MERKMALEN der „Abhängigkeit" erörtert, ist Verletzlichkeit einer ihrer negativen Aspekte. Aber Verletzlichkeit dürfen Auch Sei Die Tür zur Konnektivität. Jeder Mensch ist ein verletzliches Wesen, weil er/sie ausgesetzt ist manche bilden von Gefahr, Und Die nur Ding Das Einzige, was einen solchen Menschen retten kann, ist die Hilfe eines anderen Menschen. Das ist es, was die Verbindung in der Verletzlichkeit hervorbringt. Das, was verbindet uns Ist Die verletzlich Natur Das Wir haben. Die Verletzlichkeit Ist nicht Nur tiefgreifend In Die sichtbar oder physisch, sondern könnte sich in der emotionalen manifestieren Und Sozial Zustand. Der Konzept von Verbindung ist im Sinne der Notwendigkeit möglich, die Lücke in der menschlichen Natur zu schließen, die die Verletzlichkeit schafft. Da dies ein allgemeines Phänomen ist, selbst wenn man es leugnet, schreit es nur nach Interdependenz von menschlich Wesen. Interdependenz ist Verbindung; daher ist Verletzlichkeit der Zugang Zu Interdependenz. Nehmen für Instanz eine gebrechlich älter Person brauchen Hilfe von Verbinden mit A jünger Person, vorzugsweise, A kleines Kind. Der ältere Mensch ist aufgrund seines gebrechlichen Zustands verletzlich und benötigt die Unterstützung des jungen Menschen. Gleichzeitig Die jung Person würde Auch Sei verletzlich in der Welt vor ihm und würde Führung und Rat von dem älteren Mann brauchen, wie Zu navigieren Die Zukunft. Wenn Dort Ist NEIN Verletzlichkeit,

Dort Wille Sei NEIN brauchen für Verbindung. Die Erkenntnis des verletzlichen Zustands des Menschen erzwingt das Konzept der Verbindung und gegenseitigen Abhängigkeit. Wenn man unabhängig bleibt und praktiziert, führt der verletzliche Zustand dazu zu anderen schwächenden Zuständen. Wenn man sich für die Abhängigkeit entscheidet, werden sich die anderen Beteiligten überfordert fühlen und frustriert und entmutigt sein, aber wenn jeder von der Verbindung profitiert, wird es angenehmer sein, sich darauf einzulassen. Es Ist A symbiotisch Beziehung Das Ist gegründet, um mit der Verletzlichkeit des Menschen umzugehen.

Schön gegen Sieht gut aus

WANN EINS TRÄGT A EINFARBIG Hemd oder Kleid, hört man den Kommentar: *Das steht dir gut* ; aber wenn es bunt ist, hört man Kommentare wie: *Das ist schön* . Vielfalt, die Verbundenheit umfasst, ist schön anzusehen. Die Geheimnis Ist In Verwandtschaft von Die Farben die nicht in einer Beziehung sind. Die Herausforderung, die wir im Leben haben, ist, dass wir denken, dass wir in einer Beziehung vor Wir dürfen fließen zusammen. Es ist ein Mythos Weil diese Sind zwei anders Dinge. Wenn man eine Farbe betrachtet, sollte sie solche faszinieren eine Person, mehr über diese Farbe oder den Unterschied, den man bemerkt, zu erfahren. Das Einzige, was hemmt Die verfolgen von Wissen Ist Die Idee, dass niemand Ist wie Mich, Und Das ICH Bin besser als die anderen Personen. Solche Gedanken schließen einen aus Die Suche für Wissen Weil man würde nicht sogar wollen oder haben Die Anreiz Zu finden aus mehr um solch A Person. In Die Welt der gegenseitigen Abhängigkeit, Schönheit wird betont.

Der Einzigartigkeit von A Person

JEDER MENSCH HAT EIN Element der Einzigartigkeit in sich, Aber Die Tatsache Ist Das, An es ist eigen, Einzigartigkeit tut nicht Wirklich bedeuten irgendetwas es sei denn Es steht im Verhältnis zum Allgemeinen. Es liegt in der Vielzahl der Einzigartigkeit Das jede Person Einzigartigkeit wird offenbart und ausgesprochen und relevant, genau wie ein Person An ihre eigen hat NEIN Relevanz, es sei denn, sie steht in Bezug auf andere Individuen. Die Beziehung zur Menge liegt in der Akzeptanz von Die wie Wesen als haben etwas In gemeinsam. Verwenden Die Allegorie von Die Strauß von Blumen, jede Blume hat manche Ebene von Einzigartigkeit, aber erst in der Beziehung des einen zum anderen wird die Schönheit jedes einzelnen deutlich und betont. Wir können uns an dem Blumenstrauß orientieren: Damit wir als Menschen gut funktionieren und Leistung bringen können, brauchen wir einander und eins ein anderer Zu bringen Die am besten aus von jede von uns, und das kann nur im Bereich der gegenseitigen Abhängigkeit möglich sein. Unabhängigkeit wird uns diesen Effekt verwehren, was uns folglich isolieren wird. Abhängigkeit wird es nicht tun, weil sie uns Zu nicht Schaukasten unser eigen Potenzial. Die gegenseitige Abhängigkeit wird es schaffen, weil wir die Möglichkeit haben, unsere eigene Einzigartigkeit zu erkennen und beitragen Zu Die Gut von Die Bevölkerung. Es ist wert stellt fest Das NEIN Einzigartigkeit von ein Person überstrahlt Die Einzigartigkeit von andere weil die Einzigartigkeit von eins Person Ergänzungen

Das von andere Menschen, Und zusammen Die Ausgabe ist schön. Das bedeutet, dass Sie allein Ihre Einzigartigkeit tut nicht erhalten A erwähnen es sei denn Es ist in Referenz Und Beziehung Zu Die Konglomerat der Einzigartigkeit. Selbst am Arbeitsplatz oder auf dem Markt ist das Produkt einer Abteilung oder Einheit liegt an der Ansammlung der verschiedenen Talente, Aufgaben, Und Verantwortlichkeiten von jedes Mitglied der Abteilung. Das Versagen einer Person führt immer zu einem Ausfall, einer Verzögerung oder sogar einem Produktmangel. Jedes Mitglied der Abteilung muss seine Pflicht erfüllen und normalerweise, Die Ausgabe Ist Schön, Aber nur angesichts der Akzeptanz der Beiträge der verschiedenen Mitglieder, die für diese Rolle eingestellt wurden. So wie wir voneinander abhängig sind eins ein anderer, In Die Marktplatz, Zu produzieren schöne Berichte, Also Auch Sind Wir erwartet Zu voneinander abhängig, In unser Existenz, Zu machen Die Welt zu einem besseren Ort. Ihre Einzigartigkeit, die Sie im Namen der Unabhängigkeit (Isolation) für sich behalten, fördert nicht das Wohl von irgendjemandem und von unserem Existenz. Dein Einzigartigkeit, unterdrückt im Namen der Abhängigkeit (der Mangel an Teilen und Beitragen) führt zur Überlastung der Person eins Ist abhängig An, Und bringt nichts Gutes für die Existenz der Menschheit.

A Schön Geschichte der Interdependenz - Zwei Freunde mit Mängel

DIESE GESCHICHTE WIRD von **Helen Murphy erzählt** und am 12. Juli 2019 veröffentlicht.

Frau, die nicht laufen kann, tut sich mit blindem Mann zum Wandern zusammen Abenteuer: „Er ist die Beine, ich bin die Augen“

„Wenn ich falle, fällt sie“, sagt Trevor Hahn, der mit seiner Freundin Melanie Knecht daran arbeitet, ein Viertausender – ein Berg, der über 14.000 Fuß hoch ist

Melanie Knecht Und Trevor Hahn Sind zeigt Die Welt die Bedeutung von Teamarbeit.

Die Wanderfreunde, die beide in Fort Collins, Colorado, leben, arbeiten seit ihrem Treffen bei einem adaptiven Übungskurs zusammen, um die Berge und Wanderwege Colorados zu erkunden, so Good Morning Amer-[1] ica . Knecht wurde mit [2]Spina bifida geboren und ist auf einen Rollstuhl angewiesen, um sich fortzubewegen. Hahn verlor vor fünf Jahren aufgrund eines Glaukoms sein Augenlicht, berichtet die Verkaufsstelle.

Nachdem die beiden ihre Liebe zur Natur entdeckt hatten, begannen sie gemeinsam zu wandern. Während ihrer Wanderungen trägt Hahn Knecht in einem sicheren Geschirr auf dem Rücken und Knecht gibt ihm mündliche Anweisungen, um ihn den Weg zu weisen.

---

1. *https://www.goodmorningamerica.com/living/story/walk-lost-sight-reaching-heights-64192036*
2. *https://www.goodmorningamerica.com/living/story/walk-lost-sight-reaching-heights-64192036*

"Es Nur schien wie gemeinsam Sinn," Knecht erzählt GMA[3] in einem jüngste Interview. „Er ist Die Beine, Ich bin Die Augen — Boom! Gemeinsam sind wir das Dreamteam."

„Auf diese Weise haben wir beide ein Ziel und eine enorme Verantwortung", fügte Hahn gegenüber 5280 hinzu [4].

Der Paar Unterlagen ihre Abenteuer An Die Instagram-Account @hiking_with_sight [5]. Auf ihrem Profil präsentieren Knecht und Hahn beschreiben ihre Wanderungen als "A Reise von Zweck zwischen zwei Freunde, eins WHO kann nicht sehen Und eins der nicht laufen kann."

Hahn sagte gegenüber KDVR[6] dass er weiterhin wanderte und Berge bestieg nach Er verloren sein Sehvermögen, sich verlassend An adaptive Techniken wie das Verfolgen des Klangs einer Glocke.

„Aber es gab mir keinen wirklichen Sinn. Ich bin einfach nur dieser Glocke gefolgt", sagte er. „Es wäre wirklich cool, wenn ich auf dem Weg ein Ziel hätte."

Nach der Wanderung mit Knecht hat Hahn nun das Gefühl, seine Bestimmung gefunden zu haben.

„Es hat mich so glücklich gemacht, jemandem zu helfen, das zu erleben, was ich mein ganzes Leben lang erleben durfte", sagte er gegenüber GMA. „Wenn man einen Berggipfel erreicht, den man mit dem Auto nicht erreichen kann, spürt man einfach dieses Erfolgserlebnis. Das Schönste daran ist, sie zum Lächeln zu bringen. Das gibt mir einen Sinn."

Für Knecht, Die am besten Teil von ihre Wanderungen Ist Sein fähig ihren Rollstuhl zurückzulassen.

„Ich sitze mein ganzes Leben im Rollstuhl und es ist eine erstaunliche Gefühl Zu verlassen es buchstäblich Meilen hinter auf der Pfad," Knecht erzählt Die Steckdose. "ICH sogar konnte nicht erhalten In Es Wenn Ich wollte es und das ist ein tolles Gefühl."

„Es gibt definitiv A Lernen Kurve," Knecht erzählt 5280 der Ausbildung für ihre größte Aufstieg noch, Hinzufügen Das Die Die wichtigste Fähigkeit des Paares ist „Kommunikation".

---

3. *https://www.goodmorningamerica.com/living/story/walk-lost-sight-reaching-heights-64192036*

4. *https://www.5280.com/2019/06/hiking-with-sight-duo-plans-to-conquer-a-fourteener/*

5. *https://www.instagram.com/hiking_with_sight/?utm_source=ig_embed*

6. *https://kdvr.com/2019/06/04/colorado-hikers-one-blind-and-one-in-a-wheelchair-use-their-strengths-to-help-each-other-climb-mountains/*

"Ich bin versuchen Zu warnen ihn um Hindernisse weit In vorrücken, aber Auch erzählen ihn Wenn er ist um Zu Reise An A Felsen oder Wurzel „In diesem Moment muss ich mich selbst unterbrechen, um Anweisungen zu geben."

„Es erfordert viel Teamarbeit", fügte Hahn hinzu. „Wenn ich falle, fällt sie."

Knecht gab ihren Rat auch an andere weiter, die Freunde mit Behinderungen haben.

„Stellen Sie Menschen mit Behinderungen Fragen, um zu sehen, was sie wie Und Was Sie wollen Zu Tun," sie erzählt GMA. „Nicht nicht enthalten ihnen Weil Du denken Sie Gewohnheit Sei in der Lage, etwas zu tun."

Man kann sich vorstellen, wie zwei Menschen mit solchen Behinderungen kilometerweit Bergpfade erwandern. Das Duo erkannte, dass sie sich perfekt ergänzen, um die Wildnis zu genießen: Der Mann, WHO War blind War stark genug Zu tragen die Frau, die den schwächenden Defekt hatte, aber sehen konnte. Das weibliche Mitglied des Duos würde geben Richtung Zu Die männlich WHO könnte nicht sehen. Sie waren ein „Dreamteam".

Die Mitglieder dieses Dreamteams engagierten sich nicht In Mitleid Party, Suche Empathie für ihre

Bedingungen. Ihr Fokus lag auf dem Menschsein, indem sie erkannten, dass jeder von ihnen etwas zur menschlichen Existenz beizutragen hatte. Es gab keinen Groll darüber, was dem anderen fehlte oder nicht. Sie waren nicht stolz auf den Vergleich mit dem anderen. Ihr Fokus lag darauf, ihre Gaben freudig im Dienst an den anderen zu geben und zu erkennen, wie Sie könnte jede besser Die Leben von Die durch ihre Zusammenarbeit. In dieser Zusammenarbeit Gegenstück tat nicht haben Also viel Zu Gewinn, weil er den Weg und die Landschaft des Weges nicht genießen konnte, sondern sich auf die Erklärung des weiblichen Gegenstücks verließ und die Fantasie genoss. Er machte sich keine Sorgen über die Last, das weibliche Gegenstück auf seinem Rücken zu tragen, sondern konzentrierte sich nur auf die Tatsache, dass Er könnte beeinflussen Die Leben von Die andere Und der andere könnte sein eigenes Leben beeinflussen.

In A Leben von Interdependenz, Dort Ist Zweck. Ein Leben in Unabhängigkeit hat keinen wirklichen Sinn und Zweck. Ein Leben in Abhängigkeit hat keinen anderen Sinn als den Sinn der Person, von der man abhängig ist. Wie Trevor Hahn hier sagt: Anpassungstechniken können zwar helfen, geben dem Abenteuer aber keinen Sinn und keine Bedeutung. So ist es auch mit der Lebensreise, die man allein oder in Abhängigkeit von einer anderen Person antritt.

Wie Knecht sagte, gibt es nichts Besseres als die Verbindung Zu Und mit A menschlich Sein, sogar In das Gesicht von Die technologisch Förderung Das Wir

Wir sind in der Regel darauf angewiesen und sorgen für unseren Lebensunterhalt. Das Beste an der Wanderung war, den Rollstuhl zu verlassen bei heim Und Verbinden mit ein anderer so zu sein wie sie.

Es gibt eine allgemeine Liebe für alle Menschen, und das ist die Liebe zum Leben und zum Genießen des Lebens. Die Verwirklichung und Erfüllung dieser gemeinsamen Liebe geht mit einem Gefühl der Abhängigkeit, Sicherheit und Zuversicht einher, wie es auch die Fall mit Die Traum Team. Der voll Realisierung von ihre Liebe könnte nicht kommen Zu Verwirklichung mit adaptiven Techniken, sondern mit einem Mitmenschen. Adaptive Techniken konnten nicht erklären, was war Sein gesehen weder könnte Es verhindern aus ein Sturz oder erklären Die Schönheit von Die Landschaft, Aber Der Genuss des Weges war durch die Erklärung. Die gemeinsame Liebe zum Leben, die Menschen genießen wollen, findet sich in der Interaktion zwischen Und unter menschlich Wesen. Das Interaktion dürfen Sei mehr offensichtlich erfahren In Interdependenz. Während andere adaptive Techniken entwickelt werden könnten, um einen zu unterstützen, kann es keine Zweck Und Erfüllung. Was Ist Die Sinn, einen Weg zu gehen, wenn es keinen Sinn hat? Also auch, eins dürfen sagen, Was Ist Leben Und Leben Wenn Es gibt keinen Sinn? Der Weg kann mit der Reise des Lebens verglichen werden. Um diesen Sinn zu haben Und Vergnügen, Es dauert Verantwortung und Vertrauen. Genau wie beim Dreamteam, auf der Reise durch Leben, NEIN eins Person Ist vollständig für sich allein, aber Sie könnten jemandes Augen sein, und eine andere Person könnte Ihre Beine sein. Die Frage Ist: dürfen Du verlassen auf Die Person

Wer sind Ihre Augen, die Ihnen die richtige Richtung weisen? Können Sie der Person, deren Beine Sie sind, Sicherheit geben?

Als War ausgedrückt von Die Traum Team, Kommunikation ist der Schlüssel in der Welt der gegenseitigen Abhängigkeit. Wir müssen wissen, dass in dieser Kommunikation Vertrauen, Verantwortung, Sicherheit, Prävention, Anleitung, Und Also An. Es Ist nicht Nur normale Kommunikation durch Sprechen, denn wenn falsch gegeben oder mit Mangel von Klarheit, Katastrophe wird zuschlagen. Hahn sagt Das Wenn ICH fallen, sie Stürze, Und das kommt darauf an An Die Klarheit mit welche sie kommuniziert. Kommunikation In Die Welt von Interdependenz muss Sei klar Zu vermeiden Verwirrung und verwirrt zu sein.

Ich muss unsere Aufmerksamkeit auf die Aussage von Knecht lenken: "ICH haben Zu unterbrechen ich selbst Zu geben Richtungen." In der Welt der gegenseitigen Abhängigkeit, ich, ich, ich selbst hat NEIN Zimmer Weil Es Ist A opfern du musst machen Zu beitragen Zu Die Erfüllung In Leben. Wenn Knecht tut nicht geben Wegbeschreibung Zu Hahn, die Reise kann nicht bis zum Genusspunkt fortgesetzt werden als Sie Wille nicht wissen Wie Zu gehen. Hahn wird gestrandet sein, und Knecht auch. Ebenso müssen wir bereit sein, Opfer zu bringen, um durch unseren Beitrag eine Richtung vorzugeben. Das Opfer zu bringen ist die notwendige Unterbrechung, die wir einander schulden. In der Teamarbeit muss man unterbrechen selbst, Wenn nicht Es Ist nicht Teamarbeit. Sie müssen zahlen Aufmerksamkeit Und Sei fokussiert An andere Wenn das nicht der Fall ist, handelt es sich nicht um ein Team und schon gar nicht um Teamarbeit.

Hahns Aussage macht Roust klar, dass es ihm Sinn gebe, Knecht zum Lächeln zu bringen. Das sollte das Mantra von jeder menschlich Sein Zu machen ein anderer menschliches Lächeln. Es ist eine Verantwortung und Pflicht, die wir einander schulden. Trotz seines Defekts hatte er das Gefühl, etwas zur Menschheit beitragen zu können.

Um ihren Weg sinnvoll zu gestalten, musste Knecht ihren Rollstuhl zurücklassen. Es klingt metaphorisch, Und Es erscheint Zu Sei Weil ihr Rollstuhl bedeutet, ihre Unabhängigkeit aufzugeben Und Abhängigkeit hinter Zu Interdependenz annehmen. Kann Du vorstellen Wie Wie umständlich wäre es gewesen, ihren Rollstuhl auf der Wanderung mitzunehmen? Können Sie sich vorstellen, wenn Hahn neben Knecht auch seinen Gehstock oder den Blindenhund auf dem Weg getragen hätte? Es wäre eine unmögliche Aufgabe gewesen. Die Abhängigkeit und Unabhängigkeit, die jeder für sich allein genossen hatte, waren nun in der gegenseitigen Abhängigkeit vereint und ebneten so den Weg für ein zielgerichtetes Leben. Wie das Dreamteam, das gemeinsam Unvorstellbares erreichte, so kann man auch durch gegenseitige Abhängigkeit erreichen, was Unabhängigkeit ermöglicht. Und Abhängigkeit dürfen niemals bringen Du zu erreichen.

Aus der Geschichte dieser beiden Personen geht hervor, sind einige wichtige Lektionen fürs Leben, die wir nutzen können, um zu lehren uns Die Bedeutung von Interdependenz.

Das,

- Als Menschen haben wir Mängel, die wir nicht allein beheben können .

- Wir lernen auch, dass diese Mängel nicht dazu gedacht sind, unsere Entschlossenheit in der Welt und in diesem Leben zu beeinträchtigen.

- Wir haben auch gelernt, dass die Einzigartigkeit eines jeden von uns für unsere Existenz von entscheidender Bedeutung ist und wir uns mit solchen Bedingungen und Situationen nicht abfinden sollten.

- Wir Auch gelernt Das Wir brauchen Zu unsere Interessen zum Ausdruck bringen, ungeachtet der Mängel, die Wir haben, Und Das Wir sollen nicht einfach abschließen Das ' *ICH kann nicht ...*" Der Grund ist das bis Du sprechen aus, Du Tun nicht wissen, was im anderen Menschen steckt, das Sie ergänzen oder Ihren Fehler korrigieren könnte.

- Wir haben gelernt, dass es eine Bereitschaft gibt, und solange wir nicht aus unserer Selbstgefangenschaft herauskommen, werden wir unsere Freiheit nicht finden und entdecken.

Tatsache ist, dass jeder Mensch Mängel hat. Es gibt keine Ausnahme. Man kann solche Mängel leugnen, aber das bedeutet nicht, dass sie nicht da sind. Niemand will die Mängel sehen oder darüber informiert werden, aber sie sind da, und man braucht jemanden, der sie behebt. Die Wahrheit ist, dass es Ist In Wettrennen, Status, Farbe, Alter, Geschlecht, usw. Der

Mängel Das Du besitzen natürlich Tun nicht machen Sie beliebig weniger von A menschlich, weder Tun Sie machen Sie weniger wertvoll. Die eine Sache ist, dass es Stärken und Fähigkeiten gibt, die Sie besitzen, die Wille ergänzen ein anderer Person Mängel. Dies ist kein Fall von Liebe oder Ehe, sondern es ist die real Wesen von jemandes Menschheit. Das Ist der Dominostein Wirkung von Wie Wir verbinden, verbinden und voneinander abhängig. Wir muss Notiz, Jedoch, dass die gegenseitige Verbundenheit und die gegenseitige Abhängigkeit Ihre Unabhängigkeit nicht verwehren, außer dass Ihr volles Potenzial ohne die andere Person oder Personen nicht ausgeschöpft wird. Genau wie wir in der Traum Team, Sie jede haben ihre Unabhängigkeit und Potenziale, aber sie hatten Dinge, die sie abhängig machten, und sie brauchten die gegenseitige Abhängigkeit, damit ihre Erfüllung in ihrer menschlichen Existenz Wirklichkeit werden konnte. Als Mensch bist du fehlerhaft und voller Makel. Von dir wird nicht erwartet, abhängig zu sein, denn du hast eine Rolle zu erfüllen. indem Sie die Mängel einer anderen Person ansprechen, während andere Ihre eigenen Mängel ansprechen. Es gibt einige Menschen, die nicht die Notwendigkeit sehen, sich mit anderen zu verbinden, um sie zu vervollständigen, indem sie sich ansprechen ihre Mängel. Solch Menschen Sind voller Ego und Selbsttäuschung. Selbsttäuschung, weil sie in Selbstverleugnung leben und denken, dass sie perfekt und in sich selbst ausreichend sind. Das Endergebnis Ist Was Wir begegnen viele mal im Gesellschaft. Der Versagen Zu verbinden stets führt zu Selbstmord, Tötung, Depression Das zu Massenmorden ausarten. Sich anderen Menschen öffnen, In Die Geist von Interdependenz, würde führen jemanden, der sich um die Mängel kümmert, die ansonsten gewesen unkontrolliert, Und dadurch führen Zu Tragödie Und unerzählt Schmerz. Wir brauchen zu bekommen Zu Die Punkt Wann Wir Wille Aktie Die Mängel und Schönheitsfehler Zu richtig ihnen. Kommunikation ist wichtig. Wenn Wir akzeptieren Das Wir Sind erstellt für Interdependenz, wir werden viel tun, um unsere Mängel zu beheben. Wir sollten wissen, dass unsere Identität nicht an unsere Mängel geknüpft sein sollte.

Interdependenz und Verbrechen gegen dic Menschlichkeit

ICH BIN ÜBER DIE MENSCHLICHE Vorstellungskraft hinaus davon überzeugt, dass Die umarmen von Interdependenz Und wohnhaft in Das Gewissen Wille reduzieren Verbrechen gegen Menschheit. Am meisten von diese begehen diese Verbrechen, die wir jeden Tag beklagen, handeln unabhängig, und es fehlt immer etwas und braucht Zu Sei gefüllt oder ersetzt In ihre Leben, aber Isolationismus hält sie davon ab, zu teilen, daher Akt allein. Diese Arten von Menschen haben Mängel Das Sind niemals angesprochen. Ein anderer Der Grund dafür ist, dass sie, wenn sie die Beiträge anderer wertschätzen Menschen, als Herstellung ihre eigen Leben abgeschlossen ist, werden sie wissen, dass die Beseitigung und Vernichtung von solche Leute Wille führen zu unerfüllt Leben.

Interdependenz und Führung

IN DIE WELT VON INTERDEPENDENZ, Die Führer besetzt Die Büro von Die Moderator, Koordinator.

Der Führer Ist nicht wahrgenommen als eins WHO weiß es besser als die anderen Teammitglieder. Der Leiter ist nur für die Ordnung zuständig, nicht für mehr Wissen oder Macht. Es ist eine funktionale Rolle, keine Leistung. Der Leiter erkennt an, dass er/sie sich nicht von den Teammitgliedern unterscheidet. In einem namens Team, solch als A Unternehmen, Die Der Leiter ist ein Mitarbeiter wie jeder andere. Sowohl der Leiter als auch der Geführte sind sich in unterschiedlicher Hinsicht ähnlich, insbesondere in Bezug auf die Funktionalität. Jedes Teammitglied versteht, dass die Leistung der Mitglieder voneinander abhängt. Die Akzeptanz dieses Konzepts macht die Organisation Zu haben Ausgänge Das Sind profitabel. In ein Organisation Wo Die Führer Herren Es Über den Leuten herrscht immer Chaos, das zu Leistungsversagen führt. Wo solch existieren, mehr Wahrscheinlich hat der Führungsstil viel damit zu tun. Der Leiter koordiniert oder erleichtert wahrscheinlich nicht die Angelegenheiten der Organisation oder juristische Person sehr Also. Bei A Versammlung früh In 2022 teilte ich einer Gruppe von Mitarbeitern einer Einheit einen Punkt mit und sagte der Gruppe, dass, wenn jemandem, der Teil ihrer Gruppe ist, ein Lob zuteil wird, die Mitglieder der Gruppe ihnen auf die Schulter klopfen sollten, ob ihre Namen Sind erwähnt oder nicht, denn wer auch immer anerkannt wird, konnte diese Aufgabe aufgrund der Beiträge erfüllen von alle In Die Gruppe. Das Ist im Grunde die Wahrheit. Es Ist A Fall von *'ICH durchführen Weil du hast durchgeführt '* oder *' Du durchgeführt, daher, ICH durchführen'* . Das Ist Die Grundsatz von Die Interdependenz

Konzept. Der Frage Ist: *Was Typ von A Anführer sind Sie* ? Diese Frage kann die Frage beantworten: *Was für eine Art von Organisation ist sie?* Dies soll den Anführer nicht belasten, aber es muss Sei bemerkt Das Die beliebt sagen: „ *Unruhe liegt das Haupt, das die Krone trägt* " bettelt die Frage von Die Führung Stil von Die Führer. Es besagt, dass, wenn der Führer den Führungsstil annimmt, der die gegenseitige Abhängigkeit fördert, Dann Die Organisation Wille gedeihen. Das ist, weil Die Führer Wille erkennen Das Die Mitarbeiter sind das wertvollste Kapital der Organisation. Durch Erkennung, Es Ist impliziert Das Die Personal Ist gut versorgt, nicht aus Gier der Mitarbeiter oder des Leiters, sondern durch Kooperation, Gegenseitigkeit und Konzentration An Die Dinge Das Gegenstand Zu Die Fortschritt der Organisation.

Lassen Sie sich nicht von dem Titel, den Sie innehaben, in den Kopf setzen, denn es ist nur ein Privileg, das man sich nehmen kann weg jederzeit. Für was auch immer Du Sind Wenn Sie etwas tun, trainiert jemand anderes dafür, um es Ihnen abzunehmen. Übergehen Sie daher nicht andere Menschen, denn Sie werden sie brauchen, um zu funktionieren und Leistung zu bringen. Jeder kann werden, wer Sie jetzt sind. Der Unterschied liegt in der Art und Weise, wie Sie synergistische Strategien entwickeln. Verfahren für optimal Ausgabe. Je mehr Du verachten ein anderer Person, Die weniger du wirst. Denk darüber nach. Es ist die Verbundenheit mit einer anderen Person, die das Beste in dir hervorbringt. Je weniger du dich also mit anderen Menschen beziehst, desto weniger entfaltet sich dein Potenzial. Je mehr sich die Farben vermischen, desto mehr wird jede Farbe projiziert und Die mehr laut jede Farbe glänzt. 'Betreffen' denn Sie sind nicht besser als alle anderen, es ist nur ein Privileg. Sie sind dort, wo Sie sind, weil die Organisation Chaos vermeiden und Ordnung schaffen möchte, nicht wegen Ihrer Intelligenz. Wann Du sehen Es Das Weg, Du Sie werden große Veränderungen in Ihrer Lebenseinstellung bemerken und Sie werden ein besserer Mensch sein, der ein Leben in Freude und Glück führt. Diese Einstellung zum Leben ist möglich Und plausibel In Die Umfeld von Interdependenz, weil Überlegenheit in Interdependenz aufgebraucht wird .

Kapitel 6 – Interdependenz: Der afrikanisch Perspektive

Interdependenz Und afrikanisch Kultur

SAWABONA

„SAWABONA“ ist eine übliche Begrüßung unter den Stämme von nördlichen Natal In Süden Afrika, und es bedeutet wörtlich „ICH SEHE DICH“, was bedeutet, „Ich respektiere und anerkenne Sie für das, was Sie sind.“ Der Antwort Zu Das Gruß Ist: „SIKBO-NA“, was wörtlich „ICH BIN HIER“ bedeutet, "Wann Du sehen Mich Du bringen Mich hinein Existenz“. Wenn dies geschieht, wiederholt jeder „ Sawabona “ welche bedeutet "ICH respektieren Du, schätze dich, Und Du Sind wichtig Zu Mich" Und Das Person antwortet „ Shikoba “, was bedeutet „also... ich bin Gut Und existieren für Du." Das Ist Die Das Wesen des Menschseins besteht darin, dass das Bewusstsein und die Erkenntnis der eigenen Existenz mit dem Bewusstsein ähnlicher Geschöpfe in Einklang stehen. Es ist die Verwirklichung der eigenen Existenz. Ohne diese Interaktion bleibt man im Unklaren darüber, wer man wirklich ist. In der Interaktion mit anderen ähnlichen Wesen ist eine Bestätigung entscheidend. A Der Mensch wird diese Verwirklichung nicht bei Tieren finden, die nicht Menschen sind. Dieses Unterscheidungsmerkmal der Menschheit Ist Was macht Menschen einzigartig. Stellen Sie sich vor, Welt In welche solch Erkennung tut nicht existieren. Es dürfen nur zur Verzweiflung bringen Einsamkeit Und Isolierung welche könnte Ergebnis In unerzählt Konsequenzen. Dies Akt von Erkennung baut um Die beschädigt

Innenseiten von Die Person von Vermietung ihnen wissen dass sie geliebt und geschätzt werden. Die Mängel werden behoben. Allein die Begrüßung hat den ultimativen Zweck, anderen und einander auf ihrem Weg zu helfen Reise von Selbstfindung. Es bringt aus den Wert und die Würde jedes Menschen.

Sawubona , Ist ein uralt isiZulu Gruß was bedeutet: *Wir sehen uns* . Es ist gleichbedeutend mit Hallo und Namaste. Wenn sich Menschen treffen und die Begrüßung Austausch Ist „ Sawubona “ [Wir sehen du], der Antwort Ist „yebo, Sawubona ” [Ja, Wir wir sehen uns auch].

Warum tut er/sie sagen, " *Wir"* sehen Du sogar wenn nur ich, eine einzelne Person, Sie grüße , und warum antworten Sie mit der gleichen Antwort, wenn nur Sie, eine einzelne Person, mich grüßen?

Ich “ mit einer alten Ahnenlinie verbunden, die immer bei einem ist. Wenn ich dich treffe, bin ich also nicht nur treffen Du, Aber Mein Vorfahren dem ICH Ich vertrete Sie auch.

Also Sawubona [Wir sehen Du] bedeutet Mich Und Meine Vorfahren sehen Sie und Ihre Antwort bedeutet, dass Sie und Ihre Vorfahren mich auch sehen.

Sawubona Ist mehr als Nur A Gruß, es bedeutet auch: Wir sehen einander, wir nehmen einander wahr, wir erkennen einander an .

Sawubona Ist ein Einladung Zu A tief Zeugen

Und Gegenwart. Es lädt ein uns Zu kommunizieren, um erkunden Die Möglichkeiten von Portion jede Andere. Es bedeutet, dass wir eure Reise miterleben. Es bedeutet gegenseitige Abhängigkeit als eine ganze Einheit.

Im Geschäftsleben fördert das Konzept von Sawubona die Produktion und Produktivität, denn als Unternehmer Die Erkennung Ist nicht nur Zu begrüßen die Kunden, sondern sie auch anzuerkennen, zu erkennen (akzeptieren) ihnen, Zu Zeuge ihnen, ihre Gefühle, ihre Bestrebungen. Erfolgreiche Unternehmer sind diejenigen, die von ihren Kunden besessen sind. Sie investieren In Verbinden mit, und vor allem, ihren Kunden zuzuhören. Sic wirklich sehen ihre Kunden. Das ermutigt Schirmherrschaft, die zu erfolgreichen und profitablen Unternehmungen. Einrichtungen Das erfassen Dieses Konzept ist gut. Es ist Kapitalismus in seiner besten Form, denn er geht nicht rücksichtslos über Menschen hinweg, sondern kümmert sich um sie. Es ist auch eine Investition in Menschen, die weiterhin Dividenden abwirft. Wenn ein Unternehmen in Menschen investiert, steigt die Rendite Wille weitermachen Zu fließen In, Aber Wann Die Interesse Ist In Hauptstadt andere als menschlich, Die Ertrag wird sehr kurzlebig und unbefriedigend sein.

Wenn Sie jemanden nicht sehen, werden Sie ihn nicht beeinflussen und daher ist es unwahrscheinlich, dass Sie bei ihm eine positive Veränderung bewirken. Das ist, wo Die Herausforderung kommt mit Die Konzept von Unabhängigkeit welche betont Nur die Person; und Abhängigkeit, die die andere Person eher als Ärgernis betrachtet. Interdependenz, Jedoch, erkennt an die Bedeutung anderer Personen/Menschen, indem man sie anerkennt. Wenn ich an Sawubona denke , denke ich an gegenseitige Abhängigkeit.

Beziehungsprobleme entstehen, wenn Menschen die Hoffnungen, Wünsche und Beiträge des anderen nicht sehen, anerkennen und wertschätzen. In Konfliktmomenten ist es wichtig, jemanden als Ganzes zu sehen. Ist beide A edel Und A schwierig Ding. Es Ist ein lohnendes Unterfangen, denn hier liegt die Möglichkeit Leben. Sehen geht darüber hinaus Die physisch, es Ist um Die intern, Die Emotionen. Es Ist über Pflege, um Wärme, um tun arbeiten Das Angelegenheiten. Wann Wir sehen Menschen, Wir sehen darüber hinaus Zahlen oder Kunden, jenseits von Verkaufsaussichten und jenseits einer Marktlücke, die es in Geschäftsvorhaben auszunutzen gilt. Es besteht eine Verbindung, die über die Zahlenmentalität oder statistische Konfiguration hinausgeht. Der Mensch ist nicht nur bloßer Mensch, sondern wenn wir Menschen wirklich sehen, Die Verbindung macht eins sehen ihre Hoffnungen, Träume, Wünsche und die Mehrwerte, die möglicherweise unsichtbar sind. Diese Werte werden durch die Interaktion zu einer Ermutigung für weitere Suche mit Die Personen. Wann Wir wirklich Menschen sehen, sehen wir Menschen, die unsere Demut, unsere ungeteilte Aufmerksamkeit und unsere Unterstützung durch unsere Bereitschaft, diese zu verbinden und zu teilen menschlich Werte eingebettet In uns Das könnten Mehrwerte für unsere eigene Existenz werden. Wir müssen uns mehr sehen. Das stellt wirklich sicher Das Mein Menschheit Ist erfüllt weil ich mich mit einem gleichartigen Wesen identifizieren kann.

Der Philosophie von Unabhängigkeit Ist – ICH sehen nur ich selbst.

Die Philosophie der Abhängigkeit lautet: Ich sehe nur dich und fast ohne meine eigene Existenz. Tatsächlich habe ich aufgrund meiner Abhängigkeit keine Existenz ohne Sie.

Der Philosophie von Interdependenz Ist: Wir einander sehen.

Unabhängigkeit und Abhängigkeit trotzen allein Die WAHR Wesen von Menschheit. Der Die Entwicklung der Menschheit besteht in der Entdeckung der Notwendigkeit für Vernetzung welche Ist Ohne das Konzept und die Realität der Interdependenz ist dies unmöglich. Es gibt kein Ich ohne Uns. Es kann keine Unabhängigkeit ohne Interdependenz geben.

Ubuntu

UBUNTU IST EIN AFRIKANISCHES philosophisches Konzept der Einheit, ein ewig Wert, basierend An Die Verbundenheit des Lebens. Das, was alles Leben verbindet, ist die LIEBE. Dieses Konzept lebt von der Gleichheit des Lebens. Daher führt es zur Übersetzung von Ubuntu als: „Ich bin, weil wir sind."

Wenn Du Sind verbunden Zu eins ein anderer, Dort Ist Es ist nicht möglich, dass eine Person von einer Ebene auf die nächste aufsteigt. andere Ebene Das er/sie Wille nicht Aufzug Die andere mitnehmen. Es wird sehr schwierig, einige Leute dauerhaft ganz unten zu lassen.

Ubuntu Ist A philosophisch Konzept Das Ist bezogen auf Die Dasselbe grundlegend Wissen als

Phänomenologie. Es Ist basierend An Bewusstsein.

Ubuntu bedeutet Liebe, Wahrheit, Frieden, Glück, ewigen Optimismus, innere Güte usw. Ubuntu ist die Essenz eines Menschen, der göttliche Funke der Güte, der jedem Wesen innewohnt. Von Die Anfang von Zeit Die göttlich Die Prinzipien von Ubuntu haben die afrikanischen Gesellschaften geleitet.

Abschluss

A Synergistisch Ansatz Zu Existenz

Aus Dic Diskurs An Die Interaktion zwischen Abhängigkeit, Unabhängigkeit und Interdependenz, Wir haben gewesen fähig Zu gründen Das die Abhängigkeit Ansatz Zu Leben würde machen Leben und Wohnen als belastend; Unabhängigkeitsansatz Zu Sei A Mythos Weil In Die Im Großen und Ganzen gibt es für kein Lebewesen wirklich Unabhängigkeit; und der Interdependenzansatz umfasst sowohl Abhängigkeit als auch Unabhängigkeit. Dies ist der synergetische Ansatz zum Leben. Der Interdependenzansatz erkennt Das während menschlich Ist unabhängig, die Realisierung dieser Realität liegt im Abhängigkeitsfaktor. Das bedeutet, während eins Ist unabhängig, er/sie Ist gleichermaßen abhängig, nicht im Sinne eines Parasiten, sondern In Die Sinn Das Die voll Potenzial manifestiert sich In Die Abhängigkeit An andere Menschen. Es ist die Interaktion zwischen den beiden, die die gegenseitige Abhängigkeit der menschlichen Existenz zum Vorschein bringt.

Es entsteht eine synergetische dynamische Kraft In Existenz welche geht aus aus diese Verschmelzung von Abhängigkeit und Unabhängigkeit. Das Bewusstsein von Das Tatsache fügt hinzu Glaubwürdigkeit Zu A vollständiger Verständnis von Was Leben Leben Hände uns. Stellen Sie sich vor A Welt Wo alle denkt interunabhängig davon gäbe es eine Anerkennung der Bedeutung von jeder menschlich Sein, Und die Anerkennung des wertvollen Beitrags, den ein solches Wesen leisten würde. Ein solches Bewusstsein würde einen Weg für Anerkennung, Respekt und Würdigung der Einzigartigkeit des Menschen schaffen. Die Einheit, die wir uns so sehr wünschen und die bisher in weite Ferne gerückt ist, würde eine gemeinsame Realität werden. So simpel es auch klingen mag, das Zusammenleben der Menschen wäre realisierbar, weil NEIN eins würde wollen Zu isolieren oder einen anderen ausgrenzen für Furcht von zerstörend Was würde machen Sie eine komplette. Die Person, die Sie herausnehmen würden, könnte Sei Die eins WHO hat Was Es dauert für du zu Sei vollständig. Der Bedeutung von Interdependenz bedeutet auch, dass sie jede Barriere durchbricht, die wir aufgrund unseres Strebens nach Unabhängigkeit errichtet haben. – Wettrennen, Farbe, Sex, Religion, usw., niemand kann vollständig bestimmen, wer der Träger dessen ist, was den anderen vervollständigt.

Denken voneinander abhängig, Akt voneinander abhängig.

Unabhängigkeit und Abhängigkeit sind eine verborgene gegenseitige Abhängigkeit.

Interdependenz ist die Offenbarung von Abhängigkeit und Unabhängigkeit.

In der gegenseitigen Abhängigkeit zeigt sich die starke Kraft sowohl der Abhängigkeit als auch der Unabhängigkeit.

Interdependenz Ist A Paket Das definiert menschlich Existenz Und bringt aus Die real Sinn des Lebens.

REFERENZEN

Broodryk , J. 2006. Ubuntu afrikanisch Leben Bewältigung Fähigkeiten: Theorie Und üben, Band 1, Nr. 2, S. 3-

6. Bildungsministerium. Weißbuch Bildung 6: (2011), Sonderpädagogik, Aufbau eines inklusiven Bildungs- und Ausbildungssystems .

Fangen Kim , Qualitäten von ein Unabhängige Person. 8. September 2019 -

https://catchingkim.com ›Blog

Corwin, Gar y, 2005, *Kirche Pflanzen 101* . Vierteljährlich erscheinende Zeitschrift für Evangelische Missionen: April 2005.

Cummings, David , 1987, *Auf Misserfolg programmiert – Missionskandidaten in Gefahr* . Evangelical Missions Quarterly: Juli 1987.

Dembling , Sophia , 2012, Der Introvertierte Weg: Leben A Ruhig Leben In A Laut Welt. Kalifornien: Perigee-Buch.

Kostenloses Wörterbuch

Kim, Uichol , **Guoshu Yang, Kwang-kuo Hwang** , 2006, *Indigene und kulturelle Psychologie: Menschen im Kontext verstehen* . New York: Springer Publications.

Letseka , M . (2011). Educating for Ubuntu: Open Journal of Philosophy [online]:16. März 2015.

Lipset, S. M. , 1999, *Die Ursprünge des amerikanischen Individualismus* . Canadian Journal of Sociology 23, 4 (1999): 511-533.

MERRIAM-WEBSTER WÖRTERBUCH

Murphy, Helen, 2019, https://people.com/hu-[1] man-interest/ [2]melanie-knecht-trevor-hahn-hik [3]-[4] ing [5]-adventures/[6] veröffentlicht am 12. Juli 2019 um 15:52 Uhr.

Nevius, John L. , 1886, *Gründung und Entwicklung von Missionskirchen* . Phillipsburg, NJ: Presbyterianischer und reformierter Verlag .

Orson Scott Karte , 1996). Kinder von Die Geist. New York: Secondhandbücher

Power, MD, G. Allen , 2014, *Dementia Beyond Krankheit: Verbesserung Wohlbefinden* . Towson, MD: Health Professions Press.

Randburg Msila , V . 2008, Ubuntu Und Schulleitung, Zeitschrift von Ausbildung 44 Jung,

IM (1990) Gerechtigkeit und die Politik der Differenz . Princeton, NJ: Princeton Universität drücken

Svensson, Frankreich , 2007, *Liberale Demokratie und Gruppe Rechte: Der Vermächtnis von Individualismus und seine Auswirkungen auf die indianischen Stämme Amerikas.* In der Zeitschrift Political Studies, Ausgabe 27[7] 3 [8], Seiten 421 – 439, University of Michigan.

1. https://people.com/human-interest/melanie-knecht-trevor-hahn-hiking-adventures/
2. https://people.com/human-interest/melanie-knecht-trevor-hahn-hiking-adventures/
3. https://people.com/human-interest/melanie-knecht-trevor-hahn-hiking-adventures/
4. https://people.com/human-interest/melanie-knecht-trevor-hahn-hiking-adventures/
5. https://people.com/human-interest/melanie-knecht-trevor-hahn-hiking-adventures/
6. https://people.com/human-interest/melanie-knecht-trevor-hahn-hiking-adventures/
7. http://www3.interscience.wiley.com/journal/119602001/issue
8. http://www3.interscience.wiley.com/journal/119602001/issue

Taber, Charles R. , 1991, Die *Welt ist zu sehr mit uns: Kultur in modernen protestantischen Missionen* . Macon, GA: Mercer Universität Drücken.

Die Walker- und Avant- Konzeptanalyse (1994). Warren, MI: Springer Publishing Company.

Ubuntu : Der afrikanische Traum im Management, Wissensressourcen.

Woolf, Henry Bosley , Editor, 2002, Websters Neues College Wörterbuch. Springfield, MA: G.

und C. Merriam Company.

Yusef, W . 2014. afrikanisch Philosophie von Bildungs-

Kation neu betrachtet: Über das Menschsein. Routledge Publishers, Abingdon, USA

www.ingramcontent.com/pod-product-compliance
Lightning Source LLC
LaVergne TN
LVHW022109200926
848481LV00003B/1119
* 9 7 9 8 3 4 9 5 5 5 2 4 4 *